导弹武器系统概况

主编 高桂清
参编 李勇翔 张训立 贺小亮
　　　王　康 孟二龙

国防工业出版社
·北京·

内 容 简 介

本书对导弹武器系统进行了科普性介绍，内容主要包括火箭军发展概述，导弹的概念及分类、战技术性能、弹道(巡航)导弹武器系统组成，导弹武器运用，外军导弹武器装备等。

本书可供相关军事院校和部队用作学习导弹武器系统知识的教材，也可作为地方高等院校开展国防知识教育的辅助教材和参考读物，还可供对导弹武器系统知识感兴趣的军事爱好者阅读参考。

图书在版编目(CIP)数据

导弹武器系统概况/高桂清主编．—北京：国防工业出版社，2023.5
ISBN 978 – 7 – 118 – 12969 – 4

Ⅰ. ①导⋯　Ⅱ. ①高⋯　Ⅲ. ①导弹—武器系统　Ⅳ. ①TJ76

中国国家版本馆 CIP 数据核字(2023)第 071663 号

※

国防工业出版社出版发行
(北京市海淀区紫竹院南路23号　邮政编码100048)
三河市众誉天成印务有限公司印刷
新华书店经售
＊
开本 710×1000　1/16　印张 7¼　字数 123 千字
2023 年 5 月第 1 版第 1 次印刷　　印数 1—1500 册　　定价 38.00 元

(本书如有印装错误，我社负责调换)

国防书店：(010)88540777　　书店传真：(010)88540776
发行业务：(010)88540717　　发行传真：(010)88540762

前　言

本书主要面向火箭军院校教学使用，也可用于其他军事院校开展导弹武器系统知识学习及地方院校、机构开展国防知识教育学习。

全书共分为四章。第一章按照时间脉络，以标志性事件为划定界限，从创建初期、初具规模时期、改革提高时期、跨越发展时期四个阶段对火箭军建设发展情况进行了介绍。第二章紧扣专业知识，从导弹武器概念入手，区分弹道导弹和巡航导弹，对导弹武器战技术性能指标、组成结构进行了介绍。第三章区分常规导弹突击作战、核反击作战及军事威慑行动，重点介绍导弹武器作战运用。第四章对美、俄、英、法、印五个国家主要导弹武器装备进行了介绍。

为增加本书的权威性，我们在编写过程中，充分借鉴了《导弹百科辞典》《军语》《导弹武器概论》（国防大学出版社）及军内外相关研究报告等权威资料内容，查阅了大量文献资料，尽可能做到表述准确、客观翔实。同时也加入了大量图表资料，力图增加阅读的趣味性，以启发读者思维。但由于近年来国内外导弹武器装备建设发展日新月异，书中某些观点不可避免地存在一定的历史局限性，部分表述也可能存在一定的偏差，请读者在阅读时结合国内外导弹武器系统最新发展动态及相关权威资料一并学习，也恳请读者提出宝贵意见。

编　者

2023 年 1 月于西安

目　录

第一章　火箭军发展概述 …………………………………………… 1
　　一、创建初期(1957—1966) …………………………………… 1
　　二、初具规模时期(1966—1976) ……………………………… 3
　　三、改革提高时期(1976—1993) ……………………………… 3
　　四、跨越发展时期(1993年至今) ……………………………… 4

第二章　导弹武器系统 ……………………………………………… 6
　　第一节　导弹的概念及分类 …………………………………… 6
　　　　一、按照作战任务分为战略导弹和战术导弹 ……………… 6
　　　　二、按照射程由远至近分为洲际导弹、远程导弹、
　　　　　　中程导弹和近程导弹 ………………………………… 6
　　　　三、按照飞行轨迹可分为弹道导弹和巡航导弹 …………… 7
　　第二节　导弹战技术性能 ……………………………………… 8
　　　　一、导弹射程 …………………………………………… 8
　　　　二、弹头威力 …………………………………………… 9
　　　　三、命中精度 …………………………………………… 9
　　　　四、生存能力 …………………………………………… 9
　　　　五、突防能力 …………………………………………… 10
　　第三节　弹道导弹武器系统组成 ……………………………… 10
　　　　一、弹头 ………………………………………………… 10
　　　　二、弹体 ………………………………………………… 14
　　　　三、飞行控制系统 ……………………………………… 19
　　　　四、导弹推进系统 ……………………………………… 26

　　　　五、地面设备 ………………………………………………… 29
　第四节　巡航导弹武器系统组成 ………………………………… 32
　　　　一、巡航导弹的分类 …………………………………………… 33
　　　　二、组成 ………………………………………………………… 33
　　　　三、巡航导弹任务规划 ………………………………………… 35

第三章　导弹武器作战运用 …………………………………………… 37
　第一节　常规导弹突击作战 ………………………………………… 37
　　　　一、常规导弹突击作战方式和任务 …………………………… 37
　　　　二、常规导弹突击作战的原则 ………………………………… 38
　第二节　核反击作战 ………………………………………………… 38
　　　　一、核反击作战的任务和特点 ………………………………… 39
　　　　二、核反击作战的基本要求和原则 …………………………… 39
　第三节　导弹部队军事威慑 ………………………………………… 39
　　　　一、常规威慑 …………………………………………………… 39
　　　　二、核威慑 ……………………………………………………… 40

第四章　外军导弹武器装备 …………………………………………… 44
　第一节　美国导弹武器装备 ………………………………………… 44
　　　　一、陆基导弹力量 ……………………………………………… 44
　　　　二、海基导弹力量 ……………………………………………… 47
　　　　三、空基导弹力量 ……………………………………………… 52
　　　　四、导弹防御系统 ……………………………………………… 55
　第二节　俄罗斯导弹武器装备 ……………………………………… 60
　　　　一、陆基导弹力量 ……………………………………………… 60
　　　　二、海基导弹力量 ……………………………………………… 64
　　　　三、空基导弹力量 ……………………………………………… 68
　　　　四、高超声速飞行器 …………………………………………… 71
　第三节　英国导弹武器装备 ………………………………………… 75
　　　　一、防空导弹力量 ……………………………………………… 75
　　　　二、海基导弹力量 ……………………………………………… 77

三、空基导弹力量 ………………………………………… 79

第四节　法国导弹武器装备 ………………………………… 83
　　一、陆基导弹力量 ………………………………………… 83
　　二、海基导弹力量 ………………………………………… 84
　　三、空基导弹力量 ………………………………………… 86

第五节　印度导弹武器装备 ………………………………… 89
　　一、陆基导弹力量 ………………………………………… 89
　　二、海基导弹力量 ………………………………………… 95
　　三、空基导弹力量 ………………………………………… 98
　　四、导弹防御系统 ………………………………………… 101

参考文献 …………………………………………………… 104

第一章　火箭军发展概述

2015年12月31日,中央军委召开陆军领导机构、火箭军、战略支援部队成立大会,中共中央总书记、国家主席、中央军委主席习近平向火箭军授予军旗并致训词。从此,火箭军军旗冉冉升起,战略导弹部队由"兵"变"军",开启伟大的新征程。

火箭军前身为中国人民解放军第二炮兵,是我国装备陆基战略导弹武器系统、遂行战略核反击和常规导弹精确打击任务的武装力量,是中国战略核力量的主体。回顾其厚重而辉煌的发展历程,可划分为创建初期、初具规模时期、改革提高时期、跨越发展时期四个阶段。

一、创建初期(1957—1966)

20世纪50年代中期,世界几个主要大国已经进入了"原子时代",并建立了地地导弹核部队。为了应对来自西方大国的核威胁和核讹诈,打破核垄断,使中华民族不再受帝国主义欺凌,经过认真研究,中共中央、中央军委作出了研制原子弹、导弹的重大战略决策。

1957年,军委炮兵和国防部第五研究院在北京长辛店共同组建我军第一个导弹专业训练机构——中国人民解放军炮兵教导大队,负责接收导弹技术装备和培训导弹科研、试验人员和导弹部队指挥、技术干部。国防部第五研究院旧址如图1-1所示,炮兵教导大队旧址如图1-2所示。

图1-1　国防部第五研究院　　　　图1-2　炮兵教导大队

1959年至1960年，中央军委决定将武威炮兵学校、西安炮兵学校、北京炮兵学校分别改建为地地导弹学校、炮兵高级专科学校、炮兵特种技术学校，培训地地导弹初级指挥军官和初、中级技术人才。西安炮兵学校现为火箭军工程大学。武威炮兵学校营区旧址如图1-3所示，火箭军工程大学办公楼旧址如图1-4所示。

图1-3　武威炮兵学校营区旧址　　　　图1-4　火箭军工程大学办公楼旧址

1959年，以炮兵教导大队第一教导营人员及装备为基础，组建了中国第一个地地导弹营，由此迈出了我国组建战略导弹部队的第一步，尔后陆续组建了四个导弹营。1964年，将首批五个导弹营扩编为五个导弹团。

1960年11月5日，聂荣臻元帅亲临试验现场，组织指挥我国自行制造的某型近程地地导弹飞行试验，取得圆满成功。这是我国国产导弹第一次飞行试验，成为我军装备史上的一个重要转折点。1963年，导弹第一营首次执行导弹发射任务获得成功。图1-5为毛泽东主席与物理学家钱学森交谈，图1-6为周恩来总理观看导弹发射。

图1-5　毛泽东主席与物理学家钱学森交谈　　　图1-6　周恩来总理观看导弹发射

1964年，中国人民解放军第一个导弹作战基地指挥机关成立。1964年至1966年，相继组建了数个导弹基地。1966年，"中国人民解放军第二炮兵"番号正式启用。

二、初具规模时期(1966—1976)

第二炮兵领导机关成立后,在加快第一批导弹作战基地建设的同时,又陆续组建了数个导弹作战基地。

1968年上半年到1970年下半年,先后组建第二、第三批导弹团。同期组建作战、后勤、装备保障部队、分队和科研设计机构。

1967—1969年,多个工程建筑团加入第二炮兵建制。经过多年奋战,一大批作战阵地、指挥所和附属工程投入使用。

随着一批近程、中程、中远程导弹武器及各种类型的保障装备陆续装备部队,至1976年,第二炮兵已成为一支初具规模的战略核反击力量。

三、改革提高时期(1976—1993)

进入1976年,以"建设一支具有中国特色的精干有效的战略导弹部队"为总体目标,扎实推进改革建设,探索出了具有中国特色的战略导弹部队建设之路。

1. 调整体制编制

1977年,组建第二炮兵学校,现为火箭军指挥学院,担负指挥教学任务,如图1-7所示。1993年,组建第二炮兵指挥学院青州分院,担负士官教育任务。1982—1993年,导弹部队体制由"团-营-连"逐步改为"旅-营-连",并增编训练基地和作战保障部队。图1-8为第二炮兵某旅进行导弹发射训练。

图1-7 火箭军指挥学院教学区

图 1-8　第二炮兵某旅进行导弹发射训练

2. 改革训练方法

20世纪中期到90年代初,第二炮兵确立"以技术为基础、以干部骨干为重点、以合成配套为中心、以提高整体作战能力为目的"的军事训练方针,探索出具有第二炮兵部队特色的教育训练改革道路。1984年,提出以发射营为主体进行合成训练和配套建设要求。1986年,第二炮兵提出导弹旅带发射营进行合成训练的试点要求。

3. 改变后勤保障体制

1985年,第二炮兵后勤供应方式由军区代供改为直供,形成第二炮兵、基地、旅(团)三级后勤保障体制。

4. 优化装备管理

1983年,建立了第二炮兵、作战基地和导弹支队三级装备技术保障体系,涵盖了武器全系统、全寿命管理,装备技术管理工作逐渐进入正规化建设发展道路。

四、跨越发展时期(1993年至今)

新时期军事战略方针确立后,第二炮兵步入跨越式发展的新阶段。

1. 加快部队转型建设

在中国特色军事变革浪潮中,第二炮兵积极适应,加快推进军事斗争准备,有效提高了部队在复杂条件下的作战能力。扩建一批作战、技术保障部队,合成配套能力和信息化条件下作战能力明显增强。组建第二炮兵装备研究院,现为火箭军装备研究院,推动了第二炮兵武器装备的综合集成和一体化建设。将士官教育纳入院校教育体制,改建第二炮兵士官学校,现为火箭军士官学校,使指挥军官、技术军官、士官院校培训体制进一步健全。

2. 人才队伍形成规模

经过多年努力,一大批导弹技术专家脱颖而出,第二炮兵部队军官队伍的科学文化素质普遍得到提高,导弹营长、连长实现了"本科化",科研院所中的中青年科技干部有60%以上具有博士、硕士学位。

2015年12月31日,第二炮兵更名为火箭军,由兵变军,其力量构成、战略任务、发展环境、总体实力均发生了显著变化,火箭军战斗力将不断充实新要素、再造新结构、实现新跨越,必将在维护我国领土完整、捍卫国家主权的军事斗争中发挥重要作用。

2019年10月1日,庆祝中华人民共和国成立70周年阅兵,火箭军首次以战略军种名义组成徒步方队,以火箭军主战武器为主体组成的战略打击模块隆隆驶过天安门广场,吸引了全世界无数人的目光。雄伟的天安门和巍峨的人民英雄纪念碑,见证了战略导弹部队英姿勃发、威武雄壮的气势风貌,见证了火箭军锻造战略铁拳、忠诚履行使命的铮铮誓言。

十八大以来,火箭军迈入快速发展的黄金时期。

第二章 导弹武器系统

本章主要介绍导弹的概念及分类,导弹射程、弹头威力、命中精度等导弹主要战技术性能指标,弹道导弹武器系统及巡航导弹武器系统组成等内容。

第一节 导弹的概念及分类

导弹是依靠自身动力装置推进,由制导系统控制飞行、导向目标,以其战斗部毁伤目标的武器。它与导弹目标侦察设备、指挥信息系统、作战勤务保障系统等共同组成导弹武器系统。导弹作为现代战争的制胜利器,主要打击敌政治、军事、经济等战略目标,削弱敌战争潜力,打乱敌战略企图,成为现代战争的首选武器和决胜力量,足以改变战争格局,关乎战争成败。导弹武器种类繁多,分类方法多样。

一、按照作战任务分为战略导弹和战术导弹

(1)战略导弹。用于打击战略目标的导弹,通常携带核弹头,主要用来攻击敌方纵深地区重要的军事、政治和经济战略目标。战略导弹是国家战略核力量的重要组成部分,是衡量一个国家军事实力的重要标志。其使用权高度集中,通常由国家最高当局掌握。

(2)战术导弹。毁伤战术目标的导弹,通常配备常规战斗部。用于打击战役战术纵深内的敌方机场、桥梁、港口、码头、雷达站、指挥所、炮兵阵地、导弹发射阵地、交通枢纽以及飞机、坦克、舰艇等目标,直接支援部队作战,或进行独立作战。按照美国军方解释,射程小于3000km的弹道导弹属于战术弹道导弹。

二、按照射程由远至近分为洲际导弹、远程导弹、中程导弹和近程导弹

(1)洲际导弹。射程在8000km以上的导弹。对此,各个国家的划分标准

不尽一致。有的国家把射程5000km或6000km,或6500km以上的导弹称为洲际导弹。洲际导弹一般为多级弹道导弹,分为陆基和潜射两大类,均携带核弹头(单弹头或多弹头),属于战略导弹,是国家战略核力量的重要组成部分,主要用于攻击敌方纵深具有战略意义的重要目标。洲际导弹一般配置在导弹发射井内,或为增强隐蔽性和机动性而部署在陆基移动载具、战略核潜艇上。

(2)远程导弹。射程一般在3000~8000km的导弹。各国的划分标准不尽一致。有的国家把射程5000~8000km的导弹界定为远程导弹。在美、俄限制战略武器会谈协议中把射程2700~5500km的弹道导弹定为中远程导弹。远程导弹常为多级战略导弹,大多携带核弹头(单弹头或多弹头),采用惯性制导或以惯性制导为基础的复合制导,用于攻击敌方纵深高价值战略目标。

(3)中程导弹。射程在1000~3000km的导弹。各国的划分标准不尽一致。有的国家把射程500~5500km的导弹定为中程导弹;中国把射程1000~3000km的导弹定为中程导弹。美国和苏联在1987年12月8日签订的《美苏中导条约》中,曾将中程导弹的射程规定为1000~5500km。

(4)近程导弹。通常指射程在1000km以内的导弹。近程导弹常为单级战术导弹,大多携带常规弹头,打击敌方战术目标。

三、按照飞行轨迹可分为弹道导弹和巡航导弹

(1)弹道导弹。以火箭发动机为动力,由控制系统控制,关机后按自由抛物体弹道飞行的导弹。其弹道分为主动段和被动段。主动段指从导弹点火至发动机关机的路径,其弹道主要由发动机推力和导弹的重力决定。被动段指从发动机关机至弹头落地的路径,其弹道指由关机时获得的速度和倾角作惯性飞行的轨迹。

(2)巡航导弹。又称飞航导弹,指依靠喷气发动机推力和弹翼的升力,主要以巡航状态在大气层内飞行的导弹。巡航状态,是指导弹发动机推力约等于空气阻力,弹翼升力约等于导弹重量(力),使导弹保持一定的等高度、近恒速飞行的状态。通常,导弹的巡航速度是其燃料消耗最少时的飞行速度。不同类型的巡航导弹,其弹道组成也不一样。典型的飞行弹道通常由起飞爬升段、巡航(水平飞行)段和俯冲段组成。图2-1为美国"战斧"巡航导弹。

图 2-1　美国"战斧"巡航导弹

第二节　导弹战技术性能

导弹战技术性能是导弹作战能力、技术特性和使用维护性能的总称。由导弹使用部门根据国防建设的需要，考虑军事斗争中赋予导弹的作战使命，结合世情、国情、军情适时提出，再经过充分论证后，报请有关部门批准，并在下达的研制任务书中予以明确规定。导弹战技术性能因导弹的种类不同，其项目内容和性能指标也不尽相同，通常包括导弹射程、弹头威力、命中精度、可靠性、导弹发射方式、生存能力、突防能力、火力机动范围、发射准备时间、导弹作战使用环境、导弹贮存期等。除上述基本性能外，还有导弹的外形尺寸、起飞质量、制导方式、反应时间、技术准备时间、待机时间、维修性、安全性、运输条件、机动性等。导弹的战技术性能既是导弹研制、生产和作战使用的基本依据，也是衡量导弹性能的主要指标，还是导弹定型、订购、验收、交付使用的标准条件。它一方面影响和制约着导弹的作战运用，另一方面又随着导弹的作战需求和作战运用水平的逐步提高而不断改进，还受国家科学技术水平、工业生产能力和经济实力的制约。从总体上说，随着科学的进步、技术的发展，导弹的战技术性能将不断提高。

一、导弹射程

导弹射程是指从导弹发射点到弹着点（爆炸点）之间的直线距离或大地线距离，一般用千米表示。地空、空地、空对空导弹的射程指发射点至目标或爆炸点之间的直线距离。导弹射程分最大射程和最小射程，两者之间的区域，称该型导弹的有效射程范围。战略弹道导弹射程远，因受地球大气环境的影响，依不同情况又可区分为最大(小)标准射程、最大名义射程、最大有效射程等。巡航导弹的射程则包括最大动力航程和最大有效射程。影响导弹射程的主要因素包括战斗部质量、弹上仪器设备质量、弹体结构质量、导弹的动力性能和飞行弹道的选择等。

二、弹头威力

弹头威力指导弹弹头对目标毁伤或施加其他效应的能力。影响弹头威力的主要因素是战斗装药,其类型和药量直接关系弹头威力的大小。战略导弹通常携带核弹头,威力巨大,用 TNT 当量表示;战术导弹一般装配常规弹头,威力较小,用威力半径或毁伤半径表示。核弹头威力不但与核装药的类型和药量有关,而且与核装药的浓缩度和利用率有关。质量相同、类型不同的核装药,核聚变比裂变威力大 3~4 倍,装药量越多,装药越纯,利用率越高,弹头威力就越大。提高弹头威力,不仅取决于战斗装药,还与导弹命中精度关系密切。在导弹命中精度一定的条件下,威力越大,对目标的破坏能力越大。

三、命中精度

命中精度指导弹命中目标的精确程度,又称射击精度,常用圆概率偏差(CEP)或概率偏差(EP)表示,偏差越小,表示命中精度越高。空空、地空、反舰、反坦克等打击活动目标导弹的命中精度,一般以命中目标的概率表示。命中精度是射击准确度和射击密集度两个概念的合称,影响导弹命中精度的干扰因素很多,主要有系统干扰因素和随机干扰因素两类。前者引起导弹射击的系统偏差,用导弹射击准确度表示;后者引起导弹射击的随机偏差,用导弹射击密集度表示。在导弹射击系统偏差全部或大部得到修正时,导弹命中精度可用射击密集度来近似反映。提高导弹命中精度的主要措施包括:根据导弹的特性,选择适当的制导方案;提高制导器件的制造及测量精度;减小导弹的制造误差;增强弹体和制导系统在飞行中的抗干扰能力;提高射击诸元准备和操作导弹武器的准确度等。

四、生存能力

生存能力指导弹武器系统遭袭后仍能保持其完成作战任务的能力,一般用生存概率表示,是衡量导弹武器系统作战能力的重要指标之一。它主要取决于情报、侦察、通信、指挥、控制系统发现来袭目标的概率和预警时间,以及导弹作战反应时间、戒备率、阵地部署及坚固程度、机动能力、伪装、反导与防空武器的拦截概率等,生存能力是一个综合性指标。提高生存能力的主要措施包括:改善提高导弹武器系统的性能,使其达到小型化、高机动性;采用隐身技术手段伪装和严密防护;提高戒备率,缩短反应时间;合理配置阵地,增强阵地抗袭击能力;提高侦察预警能力和建立防御系统,及时拦截来袭武器等。随着侦察打击一体化手段和新型打击力量的不断发展,导弹生存能力问题越来越显得迫切和重要。

五、突防能力

突防能力指导弹(或弹头)突破对方导弹防御系统的能力,通常用突破对方导弹防御系统的导弹(或弹头)数占攻击总数的百分率(突防率)表示。提高导弹突防能力的主要措施包括:采用高能、低信号特征推进剂和燃烧助推技术,缩短导弹主动段飞行时间,降低导弹在主动段被发现识别的概率;综合运用隐身、诱饵、雷达干扰等电子、光电对抗方法,欺骗、干扰敌方导弹防御系统对目标的预警探测;采用多弹头,弹头机动变轨、抗核加固等技术手段,提高突防概率。弹道导弹多采用诱饵、多弹头,尤其以分导式多弹头、机动多弹头、抗核加固等作为突防的主要手段。巡航导弹多采用超低空突防技术和隐身技术,同时利用变高度、变速度、变方位的多变弹道作为突防手段。随着导弹防御系统实战能力的不断增强,防御技术日臻成熟和完善,导弹突防能力也将在日趋激烈的导弹攻防对抗中得到加强和提高。

此外,导弹战技术性能指标还包括火力机动范围、发射准备时间、导弹作战使用环境、导弹储存期、可靠性及毁伤概率等。

第三节 弹道导弹武器系统组成

导弹系统是导弹及其配套的测试、发射等技术保障设备的总称,通常由导弹及其地面设备组成。其中,导弹按结构可分为弹头、弹体、飞行控制系统、推进系统四部分,有的导弹还有分离系统、安全自毁系统等。

一、弹头

弹头又称战斗部,是导弹上用于直接毁伤目标的装置。巡航导弹的战斗部多安装在导弹的前段和中段,弹道导弹的战斗部通常安装在导弹头部,习惯上称为弹头。

(一)组成

弹头通常由壳体、战斗装药、引爆控制系统(引信)三部分组成,其核心是战斗装药。为提高突防能力和命中精度,有的弹头还安装有制导系统和突防装置。

1. 壳体

弹头壳体是安装承载和保护弹头装填物及有关组件,并满足强度、刚度、防热要求和良好空气动力外形的导弹头部舱体,其外形一般为单圆锥体、多圆锥体或组合形的回转体。弹头壳体从纵向机构来看,主要由端头、战斗装药舱和稳定裙等组成。为防止弹头在主动段和弹头再入段高温高压气流烧蚀和粒子云侵蚀,弹头壳体的外表面都覆盖有防热层,以保持战斗部舱内的规定温度。有突防措施的弹头,壳体表面还涂覆隐身涂料、套装减尾罩等,如图 2-2 所示。

图 2-2 研制中的弹头壳体

2. 战斗装药

战斗装药是弹头壳体内装填的对目标起毁伤作用的工质,主要有常规高能炸药、核装药等。

3. 引爆控制系统(引信)

弹道导弹弹头中适时引爆战斗部装药的自动控制系统,在其他类型的导弹弹头中常称为弹头引信,由保险装置、引信装置、程序控制装置、引爆装置、电源和自毁装置组成。其功用是:确保弹头在预定高度可靠引爆;保证弹头在储存、运输、测试、对接等勤务处理和发射及弹头进入目标区域前飞行过程中的绝对安全。根据与目标的作用方式,引信可分为触发引信和非触发引信两类。其中,触发引信是通过与目标相碰撞而作用的引信,常用的有压电引信和惯性碰撞引信。非触发引信通过感受目标周围空间物理场能量的变化、目标所处周围环境的特征以及按预先装订的时间或根据遥控站发射的控制信号工作,包括电引信、光引信、压力引信、磁引信、声引信、时间引信、惯性引信等。

4. 弹头制导系统

弹头制导系统是用以提高弹头突防能力、命中精度和摧毁目标能力的飞行控制系统,通常包括弹头姿态控制系统、弹头滚动速度控制系统和弹头末助推控制系统。如分导式多弹头采用末助推制导系统,在多弹头母舱释放子弹头时,能修正弹道在主动段产生的误差,调整母舱的速度、方向和姿态,使其按预定程序释放子弹头,分别沿不同弹道命中目标。

5. 突防装置

利用干扰机、假目标、诱饵等欺骗干扰装置掩护真弹头,或通过抗核加固、多弹头、机动变轨、隐身技术和气体/固体助爆等技术措施,突破对方反导系统拦截的对抗装置,达到突防的目的。

(二) 分类

弹头类型繁多,根据不同的分类标准,可将弹头划分为多种类型。

(1) 根据每枚导弹携带的弹头数量,分为单弹头和多弹头。

① 单弹头。只有一个战斗装药装置的导弹弹头,通常由弹头壳体和战斗部组成。

② 多弹头。装有多个子弹头的导弹弹头,由母舱和子弹头组成。母舱一般包括整流罩和子弹头释放机构,有的还装有突防装置和末助推控制系统等。它们在母舱内的放置,有并列式、叠塔式、并列-叠塔式,释放方式有轴向弹射、横向弹射、轴向-横向弹射。多弹头突防能力强,毁伤效果好,可攻击一个或多个目标,但结构复杂,技术难度大。图2-3为分导式多弹头。

(2) 根据弹头飞行弹道不同,可分为惯性弹头、机动弹头。

① 惯性弹头。与弹体分离后作惯性飞行的导弹弹头。其飞行轨道取决于与弹体分离点弹头的位置(高程)、速度和弹道倾角。

② 机动弹头。与弹体分离后可按预定程序改变飞行弹道作机动飞行的导弹弹头。机动弹头有躲避型和精确型;有单弹头,也有多弹头。突防能力强,命中精度高。图2-4(a)为分导式多弹头飞行弹道示意图,图2-4(b)为机动式多弹头飞行弹道示意图,图2-4(c)为集束式多弹头飞行弹道示意图。

图2-3 分导式多弹头

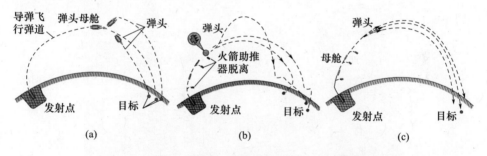

图2-4 分导式、机动式、集束式多弹头飞行弹道示意图

(3)按战斗装药,分为常规弹头、核弹头等。

① 核弹头。按工作原理可分为原子弹和氢弹,在此基础上通过特殊设计,增强或减弱某些杀伤因素可制成中子弹、冲击波弹、电磁脉冲弹等。核弹头的威力通过TNT当量衡量,一般分为超小型(1千吨TNT当量以下)、小型(0.1~1万吨TNT当量)、中型(1~10万吨TNT当量)、大型(10~100万吨TNT当量)、特大型(100万吨TNT当量以上)五种。其中,超小型、小型核弹头也称为战术核弹头。核弹头通过原子核裂变反应或聚变反应瞬间释放巨大核能产生爆炸而对目标进行毁伤,其杀伤破坏因素主要包括热(光)辐射、冲击波、早期核辐射、核电磁脉冲、放射性沾染。

② 常规弹头。一般以高能炸药为填充物,按毁伤作用可分为杀伤弹头、爆破弹头、聚能弹头、燃烧空气炸药弹头、复合弹头等。其中,爆破弹头以高能炸药爆炸产生的生成物、冲击波或应力波为主要毁伤因素,主要用于杀伤地面非装甲目标,如机场、跑道、导弹发射阵地等。

二、弹体

导弹弹体是构成导弹外形、连接和安装导弹各系统的整体结构,由弹身、气动面、弹上机构及一些零部件组成。弹身,由各舱段(战斗部装药舱、仪器舱、尾舱、连接舱)、液体导弹贮箱或固体发动机壳体、整流罩等组成。弹上机构,包括操纵机构、分离机构和折叠机构等。考虑到导弹在运输、发射和飞行过程中的不同工作环境,弹体除了必须具有良好的气动特性,满足强度、刚度和结构质量等设计要求外,还必须满足地面运输、储存、操作、维护等使用要求。中程导弹弹体如图2-5所示。

图2-5 中程导弹弹体

(一)弹体结构组成

导弹的类型不同,其弹体的组成和布局也不完全相同。弹体结构通常由弹头壳体、仪器舱、液体推进剂贮箱或固体发动机壳体、箱(级)间段和尾舱等组成。多级导弹弹体还有级间段或级间杆段。相比液体导弹,固体导弹的弹体结构相对简单,没有推进剂贮箱、箱间段和推力结构等,有翼导弹弹体还带有弹翼和气动力控制面。两级液体弹道导弹弹体分解如图 2-6(a)所示,三级液体弹道导弹弹体分解如图 2-6(b)所示,固体弹道导弹弹体分解如图 2-6(c)所示。

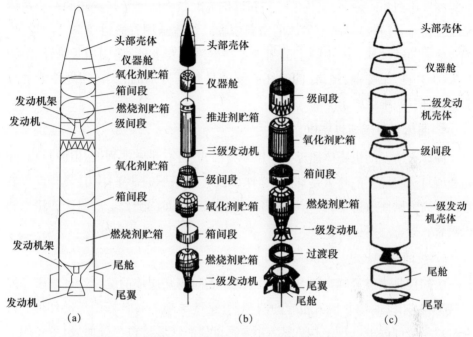

图 2-6 两级液体、三级液体、固体弹道导弹弹体分解示意图

1. 弹头壳体

弹头壳体是战斗部等有效载荷的包封构件。为了防热和抵抗粒子云侵蚀,头部鼻锥常采用高硅氧玻璃纤维、石墨纤维三向或多向增强的碳材料和具有高应变性能的石墨材料。为防止其再入时烧毁,弹头壳体的外表面覆盖防热层,内侧设有隔热层、电加热层等。

2. 仪器舱

仪器舱是用于安装弹上仪器的舱段。根据在弹身上所处的部位,有截锥和圆筒两种形式,常采用硬壳式、半硬壳式结构。其结构材料一般选用普通硬铝、超硬铝、钛合金和复合材料等,要求能承受轴向载荷和弯矩。为了便于安装仪器和检查操作,在舱体上开有舱口,配有快速连接舱口盖。仪器通过安装支架或座板固定在舱壁桁条或隔框上,座板根据需要安装散热器,以保持正常的工作温度环境。

3. 液体推进器贮箱

液体推进剂贮箱每一级一般有两个(每组元推进剂只有一个贮箱),分别用于装载氧化剂和燃烧剂,氧化剂贮箱和燃烧剂贮箱之间通常还有箱间段。箱体为筒段和前、后底焊接成为整体的密封容器。箱体结构有光滑筒薄壁结构、化铣网格加劲结构等。贮箱除了必须满足强度刚度要求外,还应当质量轻、结构简单、工艺良好、安全、经济,同时还必须满足对推进剂的化学、物理性能的要求,满足使用、维护要求等。

4. 固体火箭发动机壳体

固体火箭发动机壳体能承受高压和高温,并且有足够的强度,由前封头、外壳和后封头组成。前封头是球形、椭球形或环 - 球形的薄壁结构,装有点火装置。外壳为圆筒形薄壁壳体,内壁多采用浸胶石棉布隔热层。后封头连接发动机喷管装置。

5. 级间段

级间段是多级导弹弹体各级(火箭级)之间相互连接的舱段。过渡段一般为截锥形,用以连接外径不相等的两个舱段,使导弹具有良好的气动外形。级间杆段是级间段的一种结构方式,由端框和数根管形材料焊接而成,主要用于顺畅地排出级间热分离时发动机产生的燃气流。

6. 尾段(舱)

尾段(舱)是导弹竖立在发射装置上的承力构件及一级发动机的保护罩,有尾翼时,还是尾翼的支撑部件,并承受飞行时的空气动力载荷。如果发射支点在导弹尾端上,还承受轴向载荷和侧风引起的弯矩和剪力。尾舱一般选用普通硬铝和超硬铝材料,对摇摆式发动机或摆动喷管的尾舱,通常装有玻璃纤维增强的硅橡胶柔性防热材料,以防止火焰对尾舱各系统烧蚀。

(二)弹体结构形式

导弹弹体根据各部分受力情况不同而采取不同的结构形式,一般有硬壳式、半硬壳式、整体壁板式和夹层、杆系以及复合材料结构等形式,如图 2-7 所示。

1. 硬壳式弹体结构

由蒙皮和隔框组成,蒙皮将弹体骨架包起来,维持弹体气动外形,承受及传递载荷。隔框是环形横向受力构件，主要用来传力、连接和维持形状。其特点是无纵向构件，结构简单，制造方便，焊点少，重量轻，表面质量好，适合用于制造小型导弹的弹体、头部壳体以及承受冲压载荷的弹体中段贮箱等。

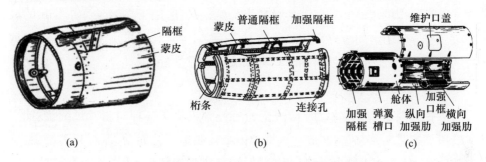

图 2-7　硬壳式、半硬壳式、整体壁板式弹体结构

2. 半硬壳式弹体结构

由桁条（桁梁）、隔框和蒙皮组成，又称桁条式或桁梁式弹体结构。蒙皮用点焊或铆接的方式与桁条、隔框固结在一起，被桁条、隔框所加强。其特点是各个构件按分工受力，可以灵活安排具体结构样式，常用于导弹的仪器舱、尾舱（段）、箱间段、过渡段、冷分离方式的级间段，以及承受大轴向载荷的贮箱等。

3. 整体壁板式结构

指用铸造、锻造、铣切或化学腐蚀等方法在内表面形成纵向、横向加强肋的壁板（即将骨架、蒙皮制成一个整体），然后焊接成圆筒或者其他形状的整体壁板。壁板的内表面有纵向和横向加强肋，起着纵向和横向受力构件的作用。这种结构的强度和刚度都很好，零部件数量少，结构重量轻，外形表面光滑，有利于减少空气阻力的影响，适用于制造受载情况复杂、刚度要求较高的弹体舱段，现代弹道导弹等高速飞行器普遍采用该结构形式。

4. 夹层结构

夹层结构又称"蜂窝式结构或填料式结构"，其内、外表层为强度高的薄金属杆，中间夹以较轻的夹心层，常用于翼面、各种壁板、受空气动力和加热严重的舱段、舱盖、消音板、隔热板及贮箱共底等。该结构在同样载荷作用下能够显著减轻结构质量，且可根据不同部位具体要求制成不同密度的夹心，耐疲劳、抗失稳能力强,刚度大,隔音、绝热,表面光滑,工艺性能好。但制造工艺复杂,承受集中载荷能力差,蜂窝易受腐蚀,使用性能不稳定。

5. 杆系结构

杆系结构由端框和数根管形材料焊接而成,一般用于多级导弹热分离的级间段。当导弹的级间分离采用热分离时,杆系结构有利于排出上一级火箭发动机的燃气流,保证分离可靠,同时有利于减轻导弹重量。

6. 复合材料结构

复合材料结构用高硅氧、碳或尼龙等纤维织物与各种树脂通过缠绕、铺层或模压等工艺,一次成型制成。这种弹体结构制造工艺简单,原材料消耗少,具有强度高、耐振动冲击、抗疲劳、耐腐蚀、抗热皱损等特性,广泛用于弹体各舱段或壳体等。

(三)分离机构

分离机构是导弹上具有连接、解锁和分离功能的装置,又称导弹分离系统或分离装置,可看作是弹体结构的一部分。其主要功用是:分离前,保证分离体与导弹牢固连接;需要分离时,使其适时解锁,迅速产生分离冲量,使分离体可靠地分离,从而将已完成预定使命并在后续飞行中无用的部分抛掉,或按预定程序释放有关部件。

1. 分离机构的组成

分离机构通常由冲量分离装置、连接解锁装置和分离引爆装置组成。

(1)冲量分离装置。导弹上为分离体所需的相对分离速度提供冲量的机构。为了实现正常分离,避免分离后被抛掉的部件与有用部件再接触,并满足分离速度的要求,要有适当的分离力。常用的冲量分离装置及方式有压缩螺旋弹簧组件、火药作动筒、气动作动筒、分离火箭、主发动机喷气。

(2)连接解锁装置。导弹上具有连接和解锁功能的机构,简称解锁装置。作用时在分离体分离前可靠连接,在分离体需要分离时,借助分离引爆装置迅速断开分离体。按功能和结构,分为爆炸螺栓、钩锁、熔断索、炸药索、滚珠活塞解锁装置等类型。

(3)分离引爆装置。接收分离指令,接通电爆管(或点火器),引爆连接解锁装置或引燃冲量分离装置,使其解锁或产生冲量的机构。

2. 分离机构的分类

导弹分离机构的主要类型有:按分离部位分为级间分离装置、头体分离装置、助推器分离装置、诱饵及子弹头释放装置等。按作用方式分为弹射式、制动式和组合式分离装置。按能源分为火药爆炸能、弹簧压缩能、气体压缩能、喷气燃气能、空气动力和重力能分离装置等。还可分为热分离、冷分离、点分离和线分离等装置。

多级火箭的级间分离机构通常采用热分离和冷分离两种方式。级间热分离是指在下面级发动机推力尚未消失,上面级的发动机即点火工作,并当其推力达到一定值时,连接解锁装置解锁,上面级依靠发动机推力加速,下面级在上面级发动机强大燃气流压力作用下减速,使两级分离。级间热分离速度大,分离时间短,指令程序简单,工作可靠,不专设冲量分离装置,推进剂管理系统简化,结构重量轻。但因在分离前启动上面级发动机,增加了上面级推进剂消耗,级间段需要设置排焰孔,下面级前箱底需要良好的绝热措施。级间冷分离是相对热分离而言的,是下面级推力已基本消失、上面级发动机尚未启动时,连接解锁装置解锁,依靠冲量分离装置使两级分离,当两级分离到上面级能正常启动的情况下,上面级发动机再启动。级间冷分离需要较大的冲量分离装置,多采用固体分离火箭,级间段短,不需要解决排焰和下面级防热问题,分离冲击载荷小,但是上面级需要设置推进剂管理系统。

三、飞行控制系统

飞行控制系统是按一定的导引规律将导弹导向目标而控制其质心运动和绕质心运动,以及飞行时间程序、指令信号、配电、自毁等各种控制装置的总称,主要由姿态控制系统、制导系统、电源配电系统、安全自毁系统组成。

(一)姿态控制系统

姿态控制系统是自动稳定和控制导弹绕质心运动的整套装置,又称稳定系统。其主要作用包括两项:一是在各种干扰情况下,稳定导弹姿态,保证导弹飞行姿态角偏差在允许范围内,使导弹飞行具有足够的稳定性;二是根据制导指令,修正飞行路线,使导弹准确命中目标。姿态控制系统由三个基本通道组成,分别稳定和控制导弹的滚动、偏航和俯仰姿态。各通道的组成基本相同,由敏感装置、变换放大装置和执行机构组成。

1. 敏感装置

用于测量导弹的姿态变化并输出信号,通常采用位置陀螺仪、惯性平台和速率陀螺仪等惯性器件。位置陀螺仪是利用二自由度陀螺仪的稳定性提供导弹姿态角测量基准,通过角度传感器输出与导弹姿态角偏差成比例的电信号。惯性平台是为导弹提供测量坐标基准,利用弹体相对于惯性平台框架间的转动来产生姿态角信号。速率陀螺仪是利用单自由度陀螺仪的进动性,来测量导弹的姿态角速率,经换算给出导弹姿态角变化信号。有些导弹还采用加速度计等作为敏感装置,以实现弹体载荷和质心偏移的最小控制。

2. 变换放大装置

用于对各种姿态信号和制导指令信号按一定控制规律进行运算、校正和放大,并输出控制信号。姿态控制系统按传递的信号形式,可分为模拟式姿态控制系统和数字式姿态控制系统。在模拟式姿态控制系统中,所传递的信号是连续变化的物理量,主要由校正网络和放大器等组成。在数字式姿态控制系统中,所有信号都被转化为数字量,变换放大装置通常由弹上计算机兼顾,其变换放大装置又称为控制计算机装置。

3. 执行机构

执行机构又称为伺服机构,有电动、气动和液压等类型。其功能是将电信号转变成机械动作。其工作过程是:根据控制信号驱动舵面或摆动发动机,产生弹体绕质心运动的控制力矩,以稳定或控制导弹的飞行姿态。产生控制力矩的方式有舵面气动控制和推力矢量控制两类。舵面气动控制方式是由伺服机构(或舵机)驱动空气舵产生气动控制力矩,它能够有效地稳定和控制导弹在大气层内飞行;推力矢量控制方式是由伺服机构改变推力矢量产生控制力矩,它有燃气舵、液体(或气体)二次喷射、摆动发动机、摆动喷管或姿态控制发动机等控制方式。推力矢量控制方式在大气层外也能使用,但必须在发动机工作情况下进行。导弹姿态控制系统中的敏感装置、变换放大装置和执行机构等与弹体(控制对象)一起构成导弹姿态控制闭环回路。当制导指令信号为零时,如果导弹在干扰力矩作用下使弹体姿态角发生变动,则敏感装置会敏感其信号,经过变换放大,回路反馈产生控制力矩与干扰力矩相平衡;当干扰力矩消除后,控制力矩会自动消失,从而使导弹的姿态角保持稳定。当制导指令信号不为零时,信号经过闭环回路产生控制力矩,控制导弹的姿态角,以实现导弹的控制。

（二）制导系统

控制和导引导弹按预定的制导规律飞向目标的整套装置，其功用是测量导弹相对目标的运动参数，按预定导引规律加以计算处理形成制导指令，通过执行装置调整导弹发动机推力方向或舵面偏转角度等，控制导弹的飞行路线以允许的误差命中目标。

(1)制导系统组成：通常由测量装置、计算装置和执行装置三部分组成。

① 测量装置。用以测量导弹和目标的相对位置或速度、角度、角速度等运动参数。攻击活动目标时，通常采用雷达或可见光、红外光、激光探测器；攻击地面或固定目标时，常用加速度计、陀螺仪或陀螺平台，也可用电视或光学等测量装置。

② 计算装置。将测量装置所测得的目标和导弹的信息，按选定的导引规律进行计算处理，形成稳定导弹姿态和制导的指令信号。

③ 执行装置。用以放大制导指令信号，并通过伺服机构驱动导弹舵面或发动机等的偏转，调整导弹推力方向，使导弹按制导指令要求飞行和稳定姿态。

测量装置和计算装置可安装在导弹上，也可置于地面或其他载体上，执行装置必须安装在弹上，制导工作原理如图2-8所示。

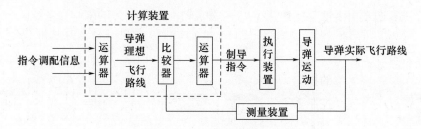

图2-8　制导工作原理示意图

(2)制导系统分类：按工作原理的不同，导弹制导系统一般可分为自主制导系统、寻的制导系统、遥控制导系统和复合制导系统。

① 自主制导系统。完全依靠导弹自身设备，能独立地按预定方案控制导弹飞向目标的制导系统，又称自备制导系统，主要用于攻击地面固定目标。按其原理可分为程序制导系统、惯性制导系统、多普勒制导系统、星光制导系统和图像匹配制导系统等，都属于自主制导系统。其中惯性制导系统与星光、多普勒等其他制导系统相比，具有技术难度小、自主性强、不易受干扰和可靠性高等优点，因而成为自主制导系统的主要形式，如图2-9所示。

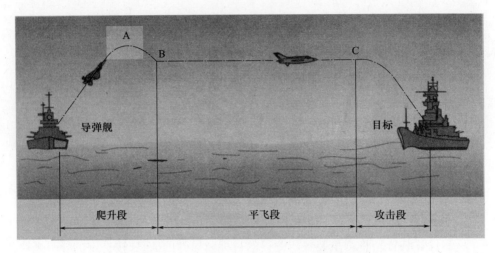

图 2-9 自主制导系统导弹飞行弹道示意图

② 寻的制导系统。利用装在弹上的导引头接收目标辐射或反射的某种特征能量，确定导弹和目标相对位置，在弹上形成制导指令而将导弹导向目标的制导系统。其制导体制根据能源所在位置的不同，分为主动、半主动和被动寻的三种方式，如图 2-10 所示。其优点是制导精度高，可以实现发射后不管，但制导作用距离短，通常用于地空导弹、空对空导弹，或中、远程导弹的末制导系统。

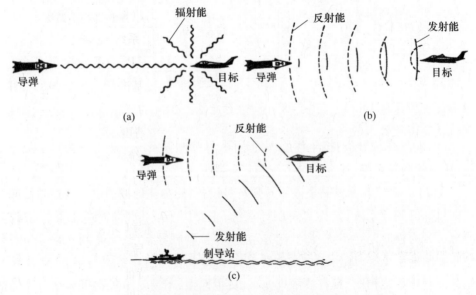

图 2-10 主动寻的、被动寻的、半主动寻的制导原理示意图

③ 遥控制导系统。由设在导弹以外的制导站控制导弹飞向目标的制导系统。遥控制导系统的主要形式有有线指令制导系统、无线波束制导系统和激光波束制导系统等。其优点是设备简单，在一定射程内制导精度高，但容易受干扰，对付多目标能力差。主要用于反坦克导弹、空地导弹、防空导弹、空对空导弹和反弹道导弹。

④ 复合制导系统。采用两种或两种以上制导方式的制导系统，能够发挥各种制导系统的优势，提升制导精度和抗干扰能力等。其组合方式主要有串联、并联和串并联的方式，通常用于要求精确制导的导弹、炮弹等。

(3) 弹道导弹常用的复合制导方式。

① 惯性-星光复合制导系统。惯性制导系统是利用惯性器件测量和确定导弹运动参数，经计算形成制导指令，控制导弹飞行目标的自主制导系统。星光制导系统是根据星体在天空的固有规律提供的信息来确定运动参数的自主式制导系统。星光制导系统一般不单独使用，常与惯性制导系统组成复合制导系统。惯性-星光复合制导系统兼有星光制导和惯性制导两种功能的并联型制导系统，通常由惯性测量装置、星光敏感器、计算机、自动驾驶仪等组成。惯性-星光复合制导系统利用星光制导系统能提供与时间无关的精确定位定向信息，来校准惯性制导系统的基准误差，并可修正弹道导弹的发射点位置误差、方位基准误差和初始对准误差。具有制导精度高、抗干扰性能强的优点，常用于陆基机动弹道导弹或潜射弹道导弹的制导，如图2-11(a)所示。

② 惯性-GPS复合制导系统。利用GPS(全球定位系统)高精度定位信息修正惯性制导系统(INS)定位误差的并联型制导系统。GPS是为地球表面及近地空间用户(载体)精确定位、测速和作为一种公共时间基准的全天候星基无线电导航定位系统，可以全天候、24小时连续提供高精度的三维位置、速度和精密时间信息。惯性-GPS复合制导系统将GPS的长期高精度特性与INS的短期高精度特性有机地结合起来，克服了GPS和惯性制导系统各自的缺点，使复合后的制导精度高于两个系统单独工作时的精度，并提高了复合后的制导精度、系统的可靠性和抗干扰能力。

③ 惯性-地图匹配复合制导系统。利用地图匹配制导的精确定位信息修正惯性制导系统的积累误差的复合制导系统。地图匹配制导系统是一种以区域地貌为匹配特征的图像匹配制导系统，制导精度高，但目标特征不易获取，且基准源数据受气候和季节变化影响而不够稳定。采用惯性-地图匹配复合制导系统时，

开始由惯性制导系统控制导弹按预定航迹飞行,当到达第一个区域特征点时,弹上探测装置开始工作,将实时数据(或实时图像)送入弹上计算机,弹上计算机连续地把所测的实时数据(或实时图像)与存储器中的基准数据(或基准图像)进行比对后,计算出实际航线与预定航线的偏差,并发出制导指令,由弹上制导系统控制导弹回归预定航线。弹上计算机在修正航线的同时,也修正惯性制导系统的漂移。导弹飞过选定的地图匹配区域后,又转入惯性制导,遇到下一个特征点时再进行地图匹配修正,如此下去,直至接近目标位置。惯性-地图匹配复合制导系统具有制导精度高、不受气候和季节变化影响等优点,如图2-11(b)所示。

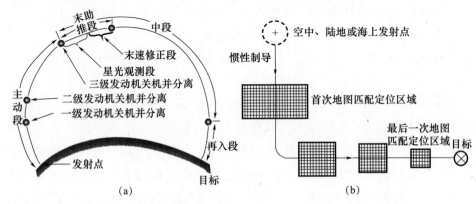

图2-11 惯性-星光复合制导、惯性-地图匹配复合制导示意图

(三)电源配电系统

按规定的要求和时间顺序为导弹弹上仪器提供电能的全套装置,是控制系统中必需的一个子系统。

1. 电源配电系统功能

按弹上各系统用电要求产生各种不同参数的电能;按照规定的时间程序,将各种电能输送给弹上相应的用电器件,按时间程序接通或断开预定电路;在导弹发射过程中完成地面电源供电向弹上电源供电的转换。

2. 电源配电系统组成

主要由电源装置和配电装置组成。

(1)电源装置。是向弹上用电设备提供电能的装置,导弹飞行所需的各种电能均由电源装置提供,包括一次电源和二次电源。一次电源通常由弹上锌银电池组组成,将化学能转变为直流电输出,是弹上初级电源,弹上各系统用电均来自一次电源。二次电源的电能由一次电源变换而来,根据用电器件的不同要求有不同的二次电源。如稳压器将一次电源的直流电分成若干路各自独立的不同电压值的稳压电;换流器、电源变换器将直流电变换成各种特定频率的交流电。

(2)配电系统。包括弹上电缆网中的供电电缆和各种配电器。弹上电缆网将一次电源、二次电源与系统电器设备连成一体,按系统要求传送电能。根据需要可配置若干不同的配电器,如主配电器、副配电器或配电器Ⅰ、配电器Ⅱ、配电器Ⅲ……完成电能分配、转电、断电等特定的配电任务;程序配电器、时序装置按预定程序接通或断开有关电爆管等特定电路、器件。对于巡航导弹,由于飞行时间较长,弹上蓄电池仅为辅助电源,在导弹起飞过程中作为一次电源向全弹供电,起飞后则由弹上喷气发动机带动直流发电机代替蓄电池向全弹供电。

(四)安全自毁系统

对飞行的导弹进行测量、判断,并执行炸毁故障导弹任务的全套装置,简称安全系统。其任务是测量并判断故障,当确认导弹因故障不能执行预定任务时,发出自毁指令,使导弹在空中自毁,以保障导弹发射地域和飞行区域的安全。在研制阶段飞行试验时,还要承担防止故障导弹飞越国界的任务。在作战时,防止故障导弹残骸被敌方截获造成泄密。

1. 安全自毁系统分类

安全自毁系统分为自主式安全自毁系统和遥控式安全自毁系统。

(1)自主式安全自毁系统。利用弹上测量器件测量弹体的姿态角等弹体参数,并将其与设定值比较,以判断导弹是否有故障,控制并执行炸毁导弹。

(2)遥控式安全自毁系统。借助无线电测量系统测出导弹飞行中的偏差,当认定导弹和落点偏差超过允许范围时,由地面人员发出指令,通过弹上接收机接收,并发出炸毁指令,以销毁故障导弹。

2. 安全自毁系统组成

安全自毁系统由测量判断、控制及执行三部分组成。测量部分用以测量和判断导弹故障,并给出相应的信号,一般由弹载惯性器件及其他有关传感器,或外弹道测量系统完成。控制部分用以接收故障信号,按给定程序发出自毁指令,一般由弹载程序控制器完成。执行部分,用以执行自毁指令,实施导弹自毁,一般由保险引爆器及各种爆炸器完成。对装有战斗部的导弹多采用引爆战斗部的方法进行自毁。对装有核战斗部的导弹,能将导弹仪器舱和发动机炸毁,同时又使核战斗部实施化学爆炸,防止发生核爆炸。

3. 安全自毁的条件

需要自毁的故障一般有:导弹姿态失稳、程序故障(偏离航道或超程等)、冷发射导弹出筒后发动机不点火等。

(1)姿态失稳安全自毁。导弹飞行中的姿态角超过允许范围,使弹体不能按预定弹道飞行时所实施的自毁。主要有两种方式:一是主动段全程设定一个姿态角允许范围,当导弹姿态角大于设定值时,发出自毁指令进行销毁;二是根据导弹姿态角修正能力分段设定不同姿态角允许范围,安全系统在主动段内分段与不同的设定值比较,判断导弹是否发生故障。

(2)程序故障安全自毁。因弹载程序机构故障使导弹飞行中程序俯仰角误差超过允许范围时所实施的自毁。通常由程序机构故障检测装置、程序机构比较装置及自毁装置等部分组成。通过比较实测值与装定值的差值大小,来确定导弹的飞行故障。程序机构故障有卡死和不到位两种,对卡死故障常采用时间控制自毁;对于不到位故障,通过实时比较,视差值大小确定自毁。

(3)不点火故障自毁。冷(弹射)发射的导弹发动机在规定的时间内不点火而实施的自毁。导弹发射后,测量器件测量发动机内的压力,若在规定时间内发动机内没有建立压力或没有达到预定值,则认为发动机未点火成功,由测量器件发出不点火信号,导弹实施低空销毁。

四、导弹推进系统

导弹推进系统又称导弹动力装置,是产生推动导弹飞行推力的整套装置。通常由能源(推进剂或燃料)、产生推力(或控制力矩)的发动机系统、推进剂(或燃料)贮箱、控制系统、管路和总装构件等组成。推进系统向导弹运动的反方向高速喷射工质,产生反作用推力,推动导弹加速飞行。多级导弹每一级都有独立的推进系统,在飞行过程中,各级推进系统依次工作,并把完成推进任务的级抛掉,以减少能量消耗,提高运载能力或增大射程。有的弹道导弹弹头上安装姿态控制发动机或末修动力系统等,以产生推力和控制力矩,调整弹头的运动速度和飞行姿态,或使子弹头机动变轨等。弹道导弹全部采用火箭发动机。火箭发动机是自带能源与工质,不使用外界介质(空气)工作的一种喷气发动机,因此可在大气层外工作。

（一）液体导弹推进系统

自身携带液体氧化剂和燃烧剂为能源,由推进剂贮箱、贮箱增压系统、液体火箭发动机、推进剂输送系统和承受推力的机架等组成,核心是液体火箭发动机。液体火箭发动机一般由推力室、涡轮泵装置、增压系统等组成。推进剂组元从推进剂贮箱由推进剂输送系统压送到推力室,在燃烧室燃烧或分解产生高温高压燃气,经喷管膨胀加速后高速喷出,产生推力,再通过机架将推力传递给导弹弹体,推动导弹飞行。

按推进剂输送方式分为挤压式液体火箭发动机和泵压式液体火箭发动机,如图2-12所示;按用途分为主发动机、姿态控制发动机、制动发动机和助推器;按喷管数量和状态分为单管发动机、多管发动机、并联发动机、摇摆发动机和游动发动机;按推力形式和大小分为定推力发动机、变推力发动机、脉冲发动机、一次启动或多次启动发动机,大推力(250kN以上)、中推力(10～250kN)和小推力(10kN以下)发动机;按点火方式分为自燃推进剂发动机和非自燃推进剂发动机;按组元数分为单组元发动机、双组元发动机和三组元发动机。液体导弹推进系统的特点是:比冲高、能多次启动、推力大小和方向便于调节,但结构复杂。广泛应用于航天科技领域和早期的弹道导弹。

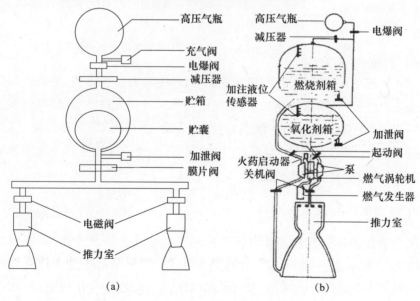

图2-12 挤压式、泵压式液体火箭发动机示意图

(二)固体导弹推进系统

使用固体火箭推进剂的导弹推进系统,又称固体推进剂火箭发动机,简称固体火箭发动机。广泛用于航天器、各类导弹和运载火箭中。主要由燃烧室壳体、喷管、装药、点火装置等组成。燃烧室壳体通常用比强度高的耐热金属或非金属材料制成,它是装药储存和燃烧的场所,同时又是导弹壳体的一部分。为防止燃烧室壳体被高温燃气烧坏,在燃气流过的表面覆盖绝热层。装药可制成药柱自由装填或浇铸在燃烧室壳体中,自由装填药柱需用挡药板支撑。点火装置通常由发火管和点火药盒组成,安装在燃烧室头部或喷管座上,用来产生一定的热量和点火压力,点燃装药。典型药柱的几何形状如图2-13(a)所示,固体火箭推进剂分类,如图2-13(b)所示。

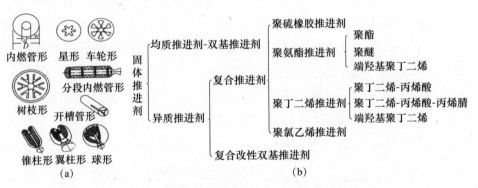

图 2-13 典型药柱的几何形状及固体火箭推进剂分类

固体推进剂被点燃后,在燃烧室内燃烧,产生高温高压燃气,使推进剂的化学能转变为热能,经喷管膨胀加速,燃气的热能又转变为动能,高温高压气流从喷管喷出,产生反作用推力。优点是:结构简单、工作可靠、成本低廉、维护简便、使用方便。缺点是:比冲较低、工作时间短、内弹道性能受环境温度影响较大、推力调节和重复启动比较困难。

(三)固液混合火箭发动机

组合使用液体组元和固体组元推进剂的化学能火箭发动机,该混合发动机并非多级发动机,而是单级。按推进剂组合,可分为固液、液固、液固液和三元固液火箭发动机。目前大多采用固体燃烧剂和液体氧化剂组合,亦即固液混合发动机。三元固液火箭发动机是在固体燃料和液体氧化剂燃烧过程中,同时喷入第三组元(如液氢),以提高发动机的能量特性。固液混合发动机由喷注器、燃烧室(内装药柱)、喷管、液体推进剂输送系统和贮箱等组成。贮箱内的推进剂经输送系统到燃烧室喷注器进行雾化,与固体药柱表面气化的燃烧剂混合燃烧,产生高温高压燃气,再经喷管膨胀加速获得喷气反作用推力。燃烧室内常安装有扰流器,以使燃烧剂混合均匀,燃烧充分,如图 2 – 14 所示。

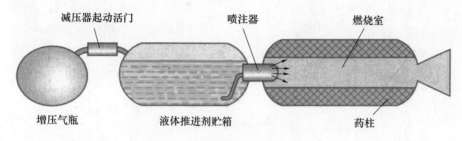

图 2 – 14　混合火箭发动机示意图

固液混合火箭发动机的优点:能量高于固体发动机,并能够像液体发动机那样进行推力调节,而且只需要一套液体管路、活门和附件,结构较为简单;能够获得较高的能量和大的推进剂密度;可重复启动、关机和调节推力;推进剂稳定性好,环境适应性强,有较好的可贮存性和使用安全性。

其缺点:固液推进剂组合多数不能自燃,需要增设点火装置。燃烧效率低,组元混合比不易控制,有些推进剂使用性能不理想。

五、地面设备

导弹地面设备是保障导弹发射和控制并监测导弹飞行的各种弹外设备的总称。包括设置在地面、地下发射井或坑道内的固定式地面设备,可以车载、牵引、自行、便携的机动式地面设备,以及必要时可以分解运输的大型、笨重的半固定式地面设备。主要用于导弹的运输、转载、安装,以及对导弹进行技术准备、发射准备、发射实施,或控制导弹飞行等。

依导弹类型、用途和发射方式不同,导弹的地面设备也不尽相同,通常包括:

(1)运输设备。用于运输弹头、弹体、推进剂和其他非自行设备与装置。按导弹类型、运输距离、交通情况和作战要求,分铁路、公路、水路和空中运输设备。主要有专用和通用铁路运输车、公路运输车、轮船、飞机和直升机等。战略导弹弹头还配有分解状态和结合状态两种专用运输设备。导弹短途公路运输设备如图2-15(a)所示,轮式导弹运输车如图2-15(b)所示。

图2-15 导弹短途公路运输设备、轮式导弹运输车

(2)转载与对接设备。用于导弹的转载和弹体、弹头的对接结合。主要包括起重机械,专用的装卸、对接和吊装结合设备等。导弹运输转载车如图2-16(a)所示,导弹头体结合车如图2-16(b)所示。

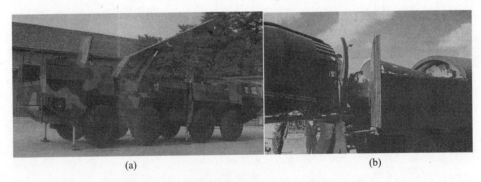

图2-16 导弹运输转载车、导弹头体结合车

(3)起竖装填设备。用于将导弹竖立和装填在发射装置上,有的还可短距离运输导弹。通常包括起竖、挂弹、装填和起重设备等。为了便于机动作战,有些导弹的起竖设备和运输设备是一体的。起竖臂式导弹起竖设备如图2-17(a)所示,水平装填车如图2-17(b)所示。

(4)测试设备。导弹发射前,用以检查测试弹上系统的工作性能、技术参数的各种测试仪器、仪表和装置的总称。按检测对象可分为控制系统检测、战斗部引爆控制系统检测、动力装置系统检测、电源配电系统检测、安全系统检测等设备;按检测方式可分为单元测试(对弹上单个仪器或设备单独进行检测)和综合测试(对弹上分系统或全系统进行检测)设备;按导弹检测时所处的状态可分为水平测试(导弹处于水平状态)和垂直测试(导弹处于垂直状态,对弹上各系统和全系统进行检测)设备。

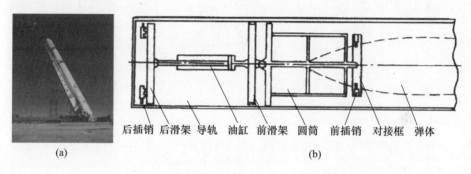

图 2-17　起竖臂式导弹起竖设备、水平装填车示意图

(5)加注设备。用于液体导弹推进剂的加注和泄出。固定式加注设备包括槽罐、泵组、管路和加注控制仪器等。机动式加注设备包括槽车、加注车和加注控制仪器等。

(6)供气设备。用于导弹在测试、加注和发射时提供气源,保障导弹各系统进行气密性检查,对弹上气瓶充气,给推进剂贮箱增压,向调节、消防和加注系统供气等,主要包括制气、贮气和配气设备等。

(7)供电设备。用于在导弹技术准备和发射准备时给弹上各分系统和地面设备供电,电源可用国家电网电源或自备电源。自备电源通常有发电机、蓄电池组、变流机和配电设备等。

(8)瞄准设备。用于导弹在发射前的定向瞄准,包括寻北定向设备、方位瞄准设备、基准标定设备、射向变换设备、水平检查设备、检测训练设备等。

(9)发射装置。用于支撑导弹,赋予导弹射向,实施发射和导流。分垂直、倾斜和水平三种,其结构形式有发射台、发射架、发射筒和发射井等。地地导弹发射场坪如图 2-18(a)所示,导弹发射筒如图 2-18(b)所示,导弹发射井如图 2-18(c)所示。

(10)发射控制设备。实施导弹发射准备监控和发射控制的专用技术设备,通常由计算机、控制台、监控装置、瞄准装置等组成。

(a)　　　　　　　　(b)　　　　　　　　(c)

图 2-18　地地导弹发射场坪、导弹发射筒、导弹发射井

(11) 飞行控制设备。用于发现、跟踪目标和控制导弹飞行，主要包括搜索、跟踪和制导雷达等设备。

(12) 遥测设备。用于测量弹道导弹主动段参数和估算弹着点位置，主要包括遥测站和实时处理系统等。

(13) 指挥通信设备。用于发射过程的现场指挥通信，主要包括有线通信和无线通信设备。

(14) 辅助设备。用于导弹发射准备过程中发生紧急情况时的辅助操作，包括消防设备、液体推进剂溢出时的中和设备等。

第四节　巡航导弹武器系统组成

巡航导弹是指依靠喷气发动机的推力和弹翼的气动升力，主要以巡航状态在稠密大气层内飞行的导弹，是飞航式导弹的一种。

巡航状态，是指导弹经火箭助推器加速后，主发动机的推力与阻力平衡，弹翼的升力与重力平衡，以近似恒速、等高度飞行的状态。在这种状态下，单位航程的耗油量最少。典型的巡航导弹弹道由起飞爬升段、巡航（水平飞行）段和俯冲段组成。巡航导弹具备体积小、重量轻，综合效能高、突防能力强，命中精度高、毁伤效果好，全寿命周期费用低、效费比高等显著优点，但同时也具有飞行速度低、更换目标能力差、打击威力小等缺点。图 2-19 为飞行中的"战斧"巡航导弹。

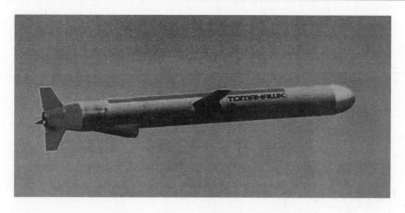

图 2-19 飞行中的"战斧"巡航导弹

一、巡航导弹的分类

巡航导弹种类很多,分类方法也多种多样。按作战性质,可分为战略巡航导弹和战术巡航导弹,分别用于攻击敌方战略目标和战术目标;按发射平台所处位置,可分为陆射(车载)巡航导弹、空射(机载)巡航导弹和海射(舰/潜载)巡航导弹;按战斗部装药类型,可分为核巡航导弹、常规巡航导弹、特种巡航导弹;按射程,可分为近程、中程、远程、洲际巡航导弹。其中,地地巡航导弹按射程分类的距离标准,与弹道导弹相同;按飞行速度,分为亚声速、超声速、高超声速巡航导弹。

与弹道导弹相比,巡航导弹主要有五点区别:一是在外观结构上,具有弹翼;二是在飞行方式上,只在稠密大气层内部飞行,航线复杂多变;三是在动力系统上,主要采用空气喷气发动机,无须携带氧化剂;四是在飞行速度上,涵盖亚声速到高超声速,且大部分时间以巡航速度近似等速飞行;五是飞行过程全程制导。

二、组成

巡航导弹和弹道导弹一样,结构主要由弹体、动力装置、制导系统和战斗部组成,如图 2-20 所示,但两者对应各部分的外形、组成、原理及性能参数则大不相同。

1. 战斗部

巡航导弹战斗部通常安装在导弹前段或中前段,在导引头之后。其形状多种多样,体积较小,安装在导弹内部。

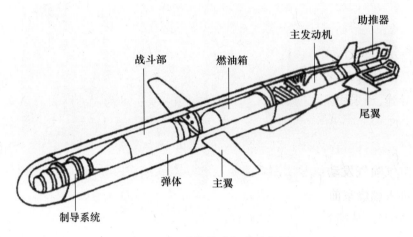

图 2-20 巡航导弹组成示意图

2. 弹体

巡航导弹弹体包括弹身、弹翼、舵及安定面等部分。其中,弹身由头部、中段、尾段三部分组成,头部为制导舱,用于安装制导系统,中段用于安装战斗部、燃油箱、主翼及展开机构等,尾段用于安装空气喷气发动机、尾翼及操纵机构,陆基和海基巡航导弹尾端后还装有火箭推进器。弹翼包括主翼和尾翼,发射后依次展开,利用气动升力平衡重力并产生控制力,控制导弹飞行轨迹。图 2-21 所示为"战斧"巡航导弹弹体。

图 2-21 "战斧"巡航导弹弹体

3. 推进系统

与弹道导弹相比,巡航导弹推进系统主要有两点不同:一是巡航导弹全程在大气层内飞行,无需携带氧化剂,因此通常采用空气喷气发动机,但也可以采用火箭发动机,或者二者结合(如火箭-冲压组合发动机)。陆基、海基发射的巡航导弹,当采用空气喷气发动机时,通常还需要用火箭发动机作为助推器,从发射起飞到空气喷气发动机工作前提供动力,然后自行脱落。二是巡航导弹动力装置在飞行全程持续工作提供不间断动力。

空气喷气发动机是以空气为工质的喷气式航空发动机,发动机工作时,空气在进入燃烧室前先进行压缩,而后进入燃烧室与雾化了的燃料混合燃烧,产生高温燃气,从喷管高速喷出,从而获得反作用推力。按空气压缩方法,空气喷气发动机可分为有压气机式和无压气机式两类。有压气机的空气喷气发动机,靠涡轮带动的压气机压缩空气,如涡轮喷气发动机、涡轮风扇发动机等。无压气机的空气喷气发动机在进气道中由速度冲压来压缩空气,如冲压喷气发动机等。

4. 飞行控制系统

弹道导弹控制系统通常只在主动段和末段工作,而巡航导弹控制系统实行全程控制。巡航导弹制导系统常采用以惯性制导为主,以地形匹配、景象匹配、GPS、遥控、自动寻的等为辅助的复合制导方式,不同制导方式通常兼有串联和并联的串并联组合方式。

三、巡航导弹任务规划

巡航导弹任务规划是指根据上级下达的作战任务,制定供上级决策的攻击计划,并为导弹设计出从允许发射区到最后一个景象匹配区的飞行航迹。任务规划通常依托任务规划系统完成,主要包括巡航导弹攻击规划及巡航导弹航迹规划。图2-22为"战斧"巡航导弹作战示意图。图2-23为巡航导弹飞行示意图。

(1)巡航导弹攻击规划。其输入为上级的作战任务和敌情、我情,输出为攻击计划(预案)和对规划预处理及对航迹规划的要求和限制条件。

(2)巡航导弹航迹规划。指在给定的约束条件下,设计巡航导弹从发射点到目标点满足预定运动航迹的过程。约束条件是指导弹系统性能、地理环境、战场环境或政治因素等。航迹规划系统的主要任务是计算与分析巡航导弹航迹,确定航迹的形式。巡航导弹航迹规划系统在规划航迹之前,要预先获取导弹发射区、目标区及航路上的敌情、地形、景象及巡航导弹系统性能等有关信息,并对这些信息进行数据处理,以得到相应的专题数字地图,供航迹规划系统使用。航迹规划系统所规划航迹的具体内容,与巡航导弹类型、制定方案和担负的任务密切相关。

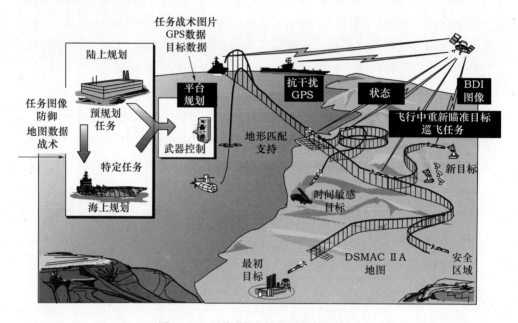

图2-22 "战斧"巡航导弹作战示意图

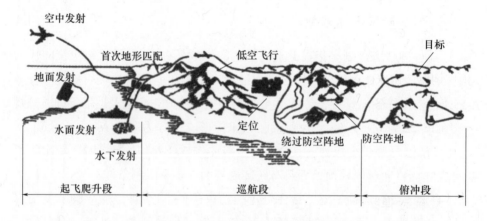

图2-23 巡航导弹飞行示意图

第三章 导弹武器作战运用

导弹武器作战运用,主要是指使用导弹武器打击目标,实施火力毁伤,使目标丧失功能,达成作战目的,其基本任务是通过对部队、武器、信息的运用,充分发挥导弹武器作战效能,赢得战争胜利,如图3-1所示。

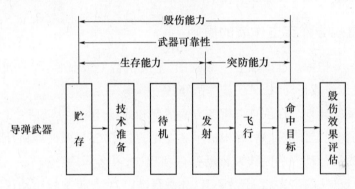

图3-1 导弹武器作战基本流程图

第一节 常规导弹突击作战

常规导弹突击行动,是常规导弹部队向敌方实施突然猛烈打击的作战行动。目的是通过战役战术打击行动,压制或摧毁敌方纵深目标。打击目标根据战略意图、作战任务、战场态势和目标的优先等级等确定,通常包括重要的指挥和通信中心、导弹基地、纵深预备队和主要作战集团、后方补给基地等军事设施,大型桥梁、渡口等交通枢纽,以及重要军工企业和能源设施等。通常由若干导弹突击力量担负,选择对战役全局有重大影响的目标实施导弹精确打击,以达成政治、军事目的。

一、常规导弹突击作战方式和任务

(一)作战方式

常规导弹突击在信息化条件下局部战争中得到广泛运用,对达成战争目的发挥着重要作用。根据目标类型和价值不同,选择不同的打击方式,主要有摧毁性打击、瘫痪性打击、封锁性打击、袭扰性打击和警告性打击。

(二)基本任务

常规导弹部队根据统帅部的作战意图,可独立或联合陆、海、空军对敌战略战役纵深目标实施导弹火力突击,迅速达成战略战役目的。主要作战任务包括:一是遂行常规威慑任务;二是协同信息作战力量夺取制信息权;三是实施综合火力突击;四是协同空军夺取制空权;五是协同海军夺取制海权;六是参加先期作战夺取战场综合控制权支援登陆作战。

二、常规导弹突击作战的原则

一是统一指挥。准确领会上级意图,坚决执行上级命令,统一使用作战力量,统一组织作战行动,统一实施作战指挥。

二是周密计划。在认真分析各方面情况和战场环境的基础上,正确定下作战决心,周密制定作战计划,并根据不断变化的战场情况,及时修订计划。

三是先敌行动。掌握敌人行动特点和规律,灵活运用各种战法,抓住有利战机,快速反应,隐蔽突然,出敌不意,先敌行动,牢牢把握战场主动权。

四是重点打击。集中常规导弹力量,对敌纵深内的空军基地(机场)、海军基地(港口)、指挥控制中心、导弹阵地等重要目标,实施重点打击。

五是灵活机动。准确判明战场情况,紧紧把握机动时机,适时组织部队机动,快速组织导弹发射,确保顺利完成作战任务。

六是密切协同。针对参战力量多、专业性强、分工严密等特点,加强与友邻部队和地方支前力量的协同,切实形成整体作战能力。

七是全面保障。建立健全保障体系,为全面保障提供基础支撑。制定多种保障方案,为全面保障提供制度支撑。做好战备物资储备,为全面保障提供物质支撑;加强战前战场准备,突出保障重点,合理使用保障力量,全面搞好各项保障。

第二节 核反击作战

核反击作战是指遭敌核袭击后,核作战力量按照命令,对进攻之敌实施反击的作战。目的是对核进攻之敌进行报复打击,摧毁敌方的重要战略和战役目标,挫败敌人核袭击的企图,慑止核战争的升级。

一、核反击作战的任务和特点

核反击作战的基本任务是,根据上级命令,使用核导弹对敌实施火力突击,打击敌人重要战略战役目标。

由于导弹核武器类型不同、阵地样式不同,导弹部队核反击作战样式也各不相同。核反击作战具有整体性强、程序性强和保障项目多等特点。

按核武器发射平台所处的空间位置可分为陆基核反击作战、海基核反击作战、空基核反击作战。

二、核反击作战的基本要求和原则

核反击作战的基本要求是,在上级统一指挥下,充分进行作战准备,全面组织各项保障,密切组织协同,严密组织防护,适时组织机动,灵活运用战法,果断处置异常情况,组织部队极端严格、极端准确地完成导弹发射任务。

基本原则是:充分准备,严密防抗;统一指挥,密切协同;高度戒备,快速反应;择敌要害,有效反击。

第三节　导弹部队军事威慑

军事威慑是国家或政治集团之间通过军事力量表现、武力决心显示等措施,使对方因害怕可能导致的难以承受的报复或打击,迫使对方放弃升级战争的军事行为,甚至不敢采用敌对行动。

一、常规威慑

常规威慑,是指导弹部队为实现预期战略战役目的,根据上级威慑意图,在统一指挥下实施的一系列以声势和武力使敌因畏惧而服从的行动。

(一)按威慑性质,分为进攻性威慑和防御性威慑

进攻性威慑,是导弹部队使用导弹武器,积极向对方实施威胁行动的总和,是导弹部队主动的威慑行动,属攻势威慑范畴。防御性威慑,是指使用反导防御系统,对威慑方实施的反威慑行动的总和。反导防御系统对敌导弹武器进行

的有效拦截威慑,是一种间接的威慑方式。

(二)按威慑层次,分为战略威慑、战役威慑、战术威慑

战略威慑,是指导弹部队按照上级战略意图,实施统一部署的军事威慑行动,达成影响战略全局的目的。战役威慑,是指导弹部队按照上级部署,实施的影响战役层次的军事威慑行动。战术威慑,是指导弹分队按照上级命令,组织实施的带有战术性质的局部军事威慑行动。

(三)按威慑时机,分为平时威慑、临战威慑和战时威慑

平时威慑,是指在和平时期,导弹部队根据军事斗争的需要,发展和显示导弹力量的实践活动。临战威慑,是指战争爆发迫在眉睫,导弹部队根据敌对双方当时军事对抗总的形势和上级命令,实施的军事威慑行动。战时威慑,是指战争爆发后,在敌对双方的军事作战中,导弹部队根据上级命令,实施的军事威慑行动。

(四)按威慑对象,分为对强敌威慑、对等威慑和对弱敌威慑

对强敌威慑,是指对军事实力相对较强的国家实施的威慑。对等威慑,是指对军事实力与己相当的国家实施的威慑或者与敌方实施较为同等的军事威慑行动。对弱敌威慑,是指对军事实力相对较弱的国家或地区实施的威慑。

二、核威慑

核威慑是指以核军事力量为手段,以一定的军事实力为基础,通过显示使用武力,使对手因面临无法承受的核打击后果而产生恐惧心理,从而不敢升级军事行动,甚至放弃敌对军事行为。

(一)核威慑的分类

核威慑一般分为平时核威慑、危机条件下核威慑和战争状态下核威慑。平时核威慑的目的,是维护国家利益和提高国家地位,防止潜在的核威慑升级。危机条件下核威慑的目的,是防止核危机升级,防止现实核威胁升级为核战争。战争状态下核威慑的目的,是遏制常规战争规模,慑止他国军事干预行动,同时

制止战争升级为有限核战争,甚至升级为全面核大战。

核威慑通常由四个要素构成,包括核威慑能力、核力量使用决心、核威慑目标、核威慑信息传递。其效果取决于核威慑能力的强弱、使用核力量决心的大小,以及被威慑方的心理承受能力三者之间综合作用的结果。

(二)核威慑的基本任务

核威慑是依据上级意图所采取的威慑行动,既可针对敌对我实施核威慑的实际情况,运用核导弹力量实施反核威慑,也可运用核力量对敌实施核威慑,迫使敌方放弃原行动企图或慑止战争升级,其基本任务包括:一是遏制战争爆发;二是支援常规军事行动;三是慑止他国军事介入;四是制止战争升级。

(三)核威慑的主要特点

核威慑的核心是以核实力为后盾,利用核武器的巨大杀伤力和震慑力给对方施加压力,达成特定的战略目的。核威慑极可能是在两个有核国家之间进行,也可能是有核国家单方面对无核国家进行。

1. 手段运用的多样性

既可运用于平时威慑,慑止敌方擅自使用武力,还可运用于战时威慑,逐步控制冲突,逐步升级威慑,跨步控制战争;既可运用军事途径威慑,还可运用政治、经济、文化、外交等途径威慑;既可运用实战化威慑,还可运用核政策威慑等。

2. 效应发挥的显著性

不仅给对手制造舆论上的压力,甚至造成战争的创伤;不仅制造"硬件"力量上的差距,还制造"软件"力量上的差距;不仅注重"存在威慑",而且还寻求"发展威慑";不仅能实现核威慑高级效果,而且还根据实际需要达成中级、低级的威慑效果;不仅注重单项力量优势的发挥,而且更注重整体效应的发挥。

3. 威慑目标的可变性

核威慑的主要目标在于对民众长远心理效应,而不是现实的物质效应。使用核威慑力量对敌实施核威慑,是为了让敌感到,如果铤而走险,将面临无法预计或代价极为惨重的后果,从而瓦解敌动武决心意志,慑止其军事行动。

(四)核威慑的方法

1. 舆论造势

舆论造势,是指根据威慑所要达成的目的,通过广播、电视、发表谈话、记者采访、报纸、刊物、著作以及国际互联网等多种媒体,将核威慑或反核威慑力量、决心、态度等多种信息传递给敌方,使其产生心理震撼的方法。

2. 提高武器状态等级

核导弹部队威慑的核心就是运用导弹核武器实施威慑,威慑强度主要由核导弹部队的数量、核武器质量以及技术准备等级等情况决定。导弹部队威慑准备包括两个等级:第一级是导弹技术准备;第二级是导弹发射准备。导弹技术准备是指为了给发射阵地提供合格导弹而进行的装配、检查和测试等各项技术准备工作的统称,分为导弹弹头技术准备和导弹弹体技术准备。导弹发射准备是指导弹发射分队从占领发射阵地起至导弹点火前所进行的各项准备。

3. 实力展示

军事实力是指能够直接用于战争的军事力量。主要包括武装力量、武器装备、军事设施、军备物资等数量和质量。导弹部队实力展示主要是展示核导弹武器、发射装备、保障装备以及高素质的作战人员等。

实力展示是核威慑信息的传达,通过多种形式和手段,将使用核力量的决心和核武器的实力有效传递给敌方。结合核大国通常做法,实力展示方式主要包括四种:一是举行阅兵;二是举行各种类型武器展示;三是邀请外国武官、记者参观已暴露的核武器库、发射场(井);四是统帅适时视察核导弹部队。

4. 兵力造势

兵力造势是指核导弹部队部署和行动所形成的状态和形势。按时间可区分为核导弹部队平时兵力造势、临战兵力造势、战争中的兵力造势以及战后兵力造势等。核导弹部队兵力造势的主要方法有:一是兵力机动;二是真伪兼动;三是模拟发射;四是电子佯动;五是状态升级。

5. 演习发射

核导弹部队演习发射是指以核威慑为目的,组织带实兵的演习,是向预设地域发射携带非核弹头的导弹,以震撼对方心理的威慑行动。演习发射属中、高强度威慑,是近于实战的威慑,通过演习发射,一方面可以给对方造成巨大的心理压力和恐慌,收到巨大的威慑效能;另一方面,又可通过实弹发射检验部队的核打击能力。

核导弹部队演习发射可采取以下方法:一是单发导弹演习发射;二是多发导弹演习发射;三是向预定区域进行导弹发射;四是向预设海域进行导弹发射;五是单一型号导弹演习发射;六是多种型号导弹演习发射。

第四章 外军导弹武器装备

本章主要围绕美国、俄罗斯、英国、法国和印度现役导弹武器装备,重点介绍了陆基、海基、空基导弹武器。陆基导弹装备主要介绍洲际弹道导弹及其搭载的弹头、战役战术弹道导弹和防空导弹等;海基导弹装备主要介绍潜射洲际弹道导弹/弹头及发射载体、巡航导弹、防空导弹、反舰导弹等;空基导弹装备主要介绍巡航导弹、空对空导弹、空对地导弹等及其发射载体。

第一节 美国导弹武器装备

一、陆基导弹力量

1. "民兵-3"洲际弹道导弹

1968年8月进行首次飞行试验,1970年6月开始服役,1975年6月完成部署,是美国唯一现役的陆基可携带核弹头的洲际弹道导弹(图4-1),其主要技术参数如表4-1所示。

图4-1 "民兵-3"洲际弹道导弹

表4-1 "民兵-3"型洲际弹道导弹主要技术参数

弹　　长	18.26m	射　　程	13000km
弹　　径	1.67m	命中精度	450m
发射重量	34.5t	制导方式	全惯性制导

其所搭载的弹头主要为:W78核弹头(图4-2)及W87核弹头(图4-3),其主要技术参数分别如表4-2和表4-3所示。前者于1974年7月开始研制,1980年6月首次部署,1982年10月停止批量生产,用于"民兵-3"洲际弹道导弹的分导式多弹头MK-12A再入飞行器。后者于1982年2月研制,1986年服役,1988年12月停产,原是"和平卫士"洲际弹道导弹MK-21分导式多弹头的核子弹头,2007年开始由部分"民兵-3"型洲际弹道导弹的核战斗部携载。

图4-2　W78核弹头

图4-3　W87核弹头

表4-2　W78核弹头主要技术参数

弹　　长	1.72m	弹　　径	0.54m
重　　量	317~363kg	爆炸当量	33.5~35万吨TNT

表4-3　W87核弹头主要技术参数

弹　　长	1.75m	弹　　径	0.55m
重　　量	200~272kg	爆炸当量	30~47.5万吨TNT

2. MGM-140 陆军战术导弹系统

美国陆军于 1986 年开始研制,1990 年装备部队,是美国陆军最先进的近程、单弹头地对地弹道导弹,命中精度为 50m(图 4-4),其主要技术参数如表 4-4 所示。主要用于打击纵深集结部队、装甲车辆、导弹发射阵地和指挥中心等,可携带轻型装备、反装甲、反硬目标、布撒地雷、反前沿机场和跑道等 6 种战斗部。

图 4-4　MGM-140 陆军战术导弹系统

表 4-4　MGM-140 陆军战术导弹系统主要技术参数

弹　长	4m	弹　径	0.61m
翼　展	1.4m	重　量	1670kg
速　度	马赫数 3	射　程	150km

二、海基导弹力量

(一)发射载体

"俄亥俄"级弹道导弹核潜艇,1969年开始研制,1976年开工建造,首艇于1981年服役(图4-5),其主要技术参数如表4-5所示。可携载24枚"三叉戟-2"型潜射弹道导弹,是全球弹道导弹潜艇导弹搭载数量最多的。

图4-5 "俄亥俄"级弹道导弹核潜艇

表4-5 "俄亥俄"级弹道导弹核潜艇主要技术参数

艇　　长	170.7m	编制人数	155人(军官15人)
艇　　宽	12.8m	火控系统	MK-98火控系统
吃　　水	11.1m	武器装备	24枚"三叉戟-2"导弹;4具MK-68型533毫米鱼雷发射管
下潜深度	244m		

(二)武器装备

1. UGM-133A"三叉戟-2"潜射弹道导弹

1987年1月首次试射,1989年12月开始服役,是美国海军最先进的第三代潜射战略弹道导弹,也是美国唯一在役的潜射弹道导弹(图4-6),其主要技术参数如表4-6所示。具备打击多种类型目标的能力,是在水下发射摧毁敌方重要战略目标的海基威慑力量。每枚导弹可装载 8～12 个 W76 子弹头,根据美俄《第二阶段削减战略核武器条约》规定,"三叉戟-2"导弹携带的子弹头减少至 4 个。

图 4-6 "三叉戟-2"潜射弹道导弹

表 4-6 "三叉戟-2"潜射弹道导弹主要技术参数

弹　　长	13.42m	动力装置	三级固体火箭
弹　　径	2.11m	射　程	11000km
发射重量	59t	制导方式	惯导+星光+GPS
有效载荷	2800kg	命中精度	90m

其所搭载的弹头主要为 W76 核弹头及 W88 核弹头。W76 核弹头(图 4-7)于 1973 年开始研制,1975 年开始生产,1987 年 7 月停止生产,其主要技术参数如表 4-7 所示;装备美国海军,用于"三叉戟-2"导弹分导式多弹头 MK-5 再入飞行器,每个再入飞行器可携带 8～14 颗该型弹头。W88 核弹头(图 4-8)于 20 世纪 70 年代开始研制,1989 年 4 月批量生产,1989 年 11 月停产,其主要

技术参数如表4-8所示;装备美国海军,用于"三叉戟-2"导弹分导式多弹头MK-5再入飞行器,每个再入飞行器可携带8~14颗该型弹头。

图4-7 W76核弹头

表4-7 W76核弹头主要技术参数

弹　　长	1.83m	弹　　径	0.54m
质　　量	164.4kg	爆炸当量	10万吨TNT

图4-8 W88核弹头

表4-8 W88核弹头主要技术参数

弹 长	1.77m	弹 径	0.55m
质 量	315.2~324.8kg	爆炸当量	47.5万吨TNT

2. R/UGM-109 Block Ⅳ"战斧"巡航导弹

1972年开始研制,1983年开始服役,如图4-9所示,其主要技术参数如表4-9所示。它是一种从防区外发射对敌纵深实施打击的武器,能够采取陆地、舰船、空中与水面等多种发射方式,具备对严密设防区域的目标高精度攻击能力。使用期限为15年,到达期限后返厂更换部件,重新认证后可再次使用15年。同时具备打击陆上固定目标和海上移动目标能力。

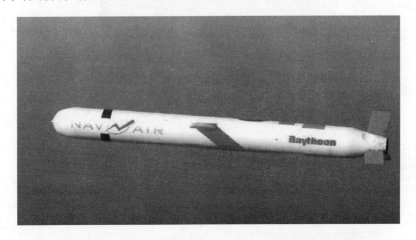

图4-9 R/UGM-109 Block Ⅳ"战斧"巡航导弹

表4-9 R/UGM-109 Block Ⅳ"战斧"巡航导弹主要技术参数

弹 长	5.56m	弹 径	0.52m
翼 展	2.7m	起飞质量	1315.4kg
射 程	1600km	制 导	混合制导

3. SM-6"标准"6防空导弹

2011年4月交付首枚成品导弹,2013年开始批量生产装备部队,如图4-10所示,其主要技术参数如表4-10所示。具备超视距防空能力,可拦截各种固定翼和旋转翼飞机、无人机及反舰巡航导弹。

图4–10 SM–6"标准"6防空导弹

表4–10 SM–6"标准"6防空导弹主要技术参数

弹　长	6.55m	弹　径	0.53m
起飞质量	1500kg	制　导	主动雷达导引
射　程	240km	射　高	33km

4. AGM–84A"鱼叉"反舰导弹

　　1977年3月完成作战鉴定试验，开始批量生产，1978年开始装备美国海军，如图4–11所示，其主要技术参数如表4–11所示。它是美国海军现役最主要的反舰武器，可以自飞机、各类水面舰艇及潜艇上发射，是一种全天候高亚声速舰对舰导弹，能打击12种不同特征的水面舰艇。

图4–11 AGM–84A"鱼叉"反舰导弹

表4-11 AGM-84A"鱼叉"反舰导弹主要技术参数

弹 长	4.63m	弹 径	0.34m
翼 展	0.9m	最大速度	马赫数0.85
射 程	315km	制 导	主动雷达制导
起飞质量	1110kg	战斗部重	221kg

三、空基导弹力量

(一)发射载体

1. B-52H"同温层堡垒"战略轰炸机

1952年第一架原型机首飞,1955年批量生产并交付使用,如图4-12所示,其主要技术参数如表4-12所示。它是一种八发动机型远程战略轰炸机,是美国空军现役战略轰炸机的主力,主要遂行远程常规轰炸和核轰炸任务,是美国唯一一型可以发射巡航导弹的战略轰炸机。

图4-12 B-52H"同温层堡垒"战略轰炸机

表4-12 B-52H"同温层堡垒"战略轰炸机主要技术参数

乘 员	5人	载弹量	32t
翼 展	56.39m	机 长	49.04m
机 高	12.41m	最大航程	16093km(空中不加油)

2. B-2A"幽灵"战略轰炸机

1978年开始研制,1993年底开始装备部队,如图4-13所示,其主要技术参数如表4-13所示。它是一款能够执行战略核/常规打击任务的低可探测性飞翼式轰炸机,也是当今世界上唯一一款隐身战略轰炸机。作战航程可达1.2万km,空中加油一次可达1.8万km,每次执行任务空中飞行时间一般不少于10h,具备"全球到达"和"全球摧毁"能力。1999年科索沃战争中首次投入实战,并在2003年伊拉克战争中有优异表现。

图4-13 B-2A"幽灵"战略轰炸机

表4-13 B-2A"幽灵"战略轰炸机主要技术参数

乘　员	2人	载弹量	23t
机　长	21.3m	机　高	5.18m
翼　展	52.43m	最大时速	1040km/h

(二)武器装备

1. AGM-86B/C 空射巡航导弹

1977年1月制定研制计划,1977年7月开始研制,1979年开始飞行试验,1982年10月开始装备部队,如图4-14所示,其主要技术参数如表4-14所示。它是美国空军装备的第三代全天候、多用途空射巡航导弹,其中B型主要用于携带核弹头,主要由B-52H型战略轰炸机携带并发射。

图 4 – 14 AGM – 86B/C 空射巡航导弹

表 4 – 14 AGM – 86B/C 空射巡航导弹主要技术参数

弹　长	6.32m（B 型） 6.34m（C 型）	最大速度	马赫数 0.6 ~ 0.72（B 型） 马赫数 0.9（C 型）
弹　径	0.60m	射　程	2414km（B 型） 2750 ~ 3000km（C 型）
翼　展	3.66m		
发射重量	1430kg（B 型） 1950kg（C 型）	命中精度	小于 100m（B 型） 3m（C 型）

2. AGM – 129A 空射巡航导弹

1982 年开始研制，1987 年开始生产，1991 年开始装备部队，如图 4 – 15 所示，其主要技术参数如表 4 – 15 所示。它是冷战末期美国研发的隐形空射战略巡航导弹，具备隐形功能，能够在飞行过程中有效躲避雷达和地面防空体系，在美俄核裁军大的背景下，目前全部处于封存状态。

图 4 – 15 AGM – 129A 空射巡航导弹

表4–15　AGM–129A空射巡航导弹主要技术参数

弹　　长	6.35m	弹　　径	0.67m
巡航高度	15～150m	巡航速度	马赫数0.9
发射重量	1270kg	射　　程	2600km
动力装置	涡扇发动机	发射平台	轰炸机

3. AGM–158B"JASSM–ER"隐形空地导弹

1995年开始研发，2009年开始服役，扩展射程的AGM–158B于2014年开始服役，如图4–16所示，其主要技术参数如表4–16所示。它具有精确打击和隐突防能力，可攻击固定目标和移动目标，主要用于精确打击敌严密设防的指挥与控制系统、通信系统、防空系统、弹道导弹发射架以及舰船等高价值目标。

图4–16　AGM–158B"JASSM–ER"隐形空地导弹

表4–16　AGM–158B"JASSM–ER"隐形空地导弹主要技术参数

弹　　长	4.27m	翼　　展	2.5m
发射重量	1000kg	战斗部重	450kg
射　　程	920km	制　　导	惯性/GPS制导

四、导弹防御系统

美国导弹防御系统主要由预警与目标跟踪系统、拦截武器系统、作战管理/指挥控制通信系统三部分构成（图4–17），各部分由性能超强的计算机系统和数据链连成一体，形成网络化、自动化的作战体系。

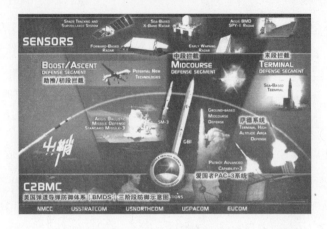

图4-17 导弹防御系统示意图

(一)预警与目标跟踪系统

导弹防御系统的预警与目标跟踪系统由空间卫星系统和地面雷达网组成。

空间卫星系统由国防支援计划(DSP)、太空跟踪与监视系统(STSS)、天基红外探测系统(SBIRS)组成。

(1)国防支援计划(DSP)。目前,美军使用的空间卫星是第三代"国防支援计划"(DSP)预警卫星(图4-18),DSP卫星系统布设在35780km高度的地球静止轨道上,由5颗卫星组成,其中4颗为工作星、1颗为备用星。

图4-18 DSP-23卫星

(2)太空跟踪与监视系统(STSS)。STSS 最初由 2 颗卫星构成,最终将扩展至 30 颗卫星。每颗卫星都装有 2 台红外探测器,可跟踪和探测弹道导弹的飞行全过程,甚至能够识别诱饵,区分出导弹弹头及诱饵(图 4-19)。

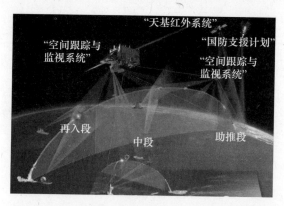

图 4-19 "太空跟踪与监视系统"卫星在轨飞行示意图

(3)天基红外探测系统(SBIRS)。由 2 颗地球同步轨道(GEO)和两颗大椭圆轨道(HEO)卫星组成(图 4-20),可在导弹发射后 10~20s 内将预警信息传给地面。

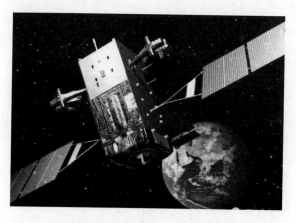

图 4-20 "天基红外系统"卫星

(二)拦截系统

1. 助推段防御

机载激光系统安装在经过改装的波音 747 飞机上,主要由三部分组成,一是作战管理分系统,用于作战方案制定和执行;二是高能化学激光,用来照射进攻的弹道导弹的燃料箱;三是火控/光束控制分系统,实现将高能激光集中于目标。射程为 300~580km,可以从 10km 高空防御从近程到洲际不同射程的弹道导弹。

2. 动能拦截弹

用于助推段拦截的动能拦截弹,作为机载激光助推段拦截系统的后备方案,目前处于研制阶段,旨在研制成一种新型可机动部署的助推段/上升段动能拦截弹。但随着该计划的发展,导弹防御局已将动能拦截弹助推器按通用助推器使用,与其他系统结合进行集成,以增强地基中段防御系统、"宙斯盾""萨德"和"爱国者-3"等能力。

3. 中段防御

1) 地基中段防御(GMD)

该系统包括通信系统、火控系统以及拦截弹,主要是在导弹飞行的中段对洲际弹道导弹实施拦截,如图 4-21 所示。主要用于在弹道最高点拦截最大射程超过 10000km、最大速度达到 24 倍声速的洲际导弹。

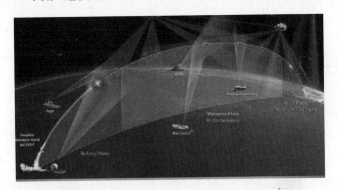

图 4-21 陆基中段防御(GMD)示意图

2) 宙斯盾导弹防御系统

宙斯盾系统是舰载反导拦截系统,由舰载 SPY-1 雷达、SM-3 拦截弹以及指控系统构成,具备拦截弹道导弹在内的多种空中目标攻击能力,此外宙斯盾系统还可以前沿部署,用于监视和探测弹道导弹等空中目标。

4. 末段防御

(1) 末段高空区域防御系统(萨德,THAAD(图 4-22))。用于防御射程达

1500km 的弹道导弹,不仅能在大气层内拦截来袭导弹,也能在大气层外摧毁目标,拦截高度为 40~150km,还具备扩展成防御中远程弹道导弹及洲际弹道导弹的潜力。

图 4-22 "萨德"反导系统

（2）爱国者先进能力防御系统（PAC-3（图 4-23））。由 16 根发射管组成的移动发射站组成,配备 16 枚动能拦截弹,最大拦截距离为 30~40km,最大拦截高度为 15~20km,最大飞行速度为马赫数 6~7,可以对付射程为 1000km 以内的弹道导弹。

图 4-23 "爱国者-3"反导系统

第二节 俄罗斯导弹武器装备

一、陆基导弹力量

1. RS-28"萨尔玛特"洲际战略弹道导弹

RS-28"萨尔玛特"洲际战略弹道导弹(图4-24)于2009年开始由马季耶夫火箭设计局研发,用以取代即将退役的SS-18"撒旦"洲际弹道导弹,2018年7月已经完成了弹射试验工作,其主要技术参数如表4-17所示。

图4-24 RS-28"萨尔玛特"洲际战略弹道导弹

表4-17 RS-28"萨尔玛特"洲际战略弹道导弹主要技术参数

弹 长	35m	命中精度	250m
发射重量	150~200t 100~120t	投掷重量	8t 5t
战斗部	10个重型或15个中型分导式核弹头	射 程	16000km 9000km

2. SS-18"撒旦"洲际弹道导弹

20世纪60年代末开始研制,1973年2月首次飞行试验成功,1975年12月开始装备部队,1979年开始执行作战任务,至今仍然是世界上最大的且还在服役的导弹,如图4-25所示,其主要技术参数如表4-18所示。它具有精度高、当量大和分导式多弹头的特点,具备摧毁硬目标的超强打击能力。

图4-25　SS-18"撒旦"洲际弹道导弹

表4-18　SS-18"撒旦"洲际弹道导弹主要技术参数

弹　　长	34.3m	弹　　径	3.0m
发射重量	211.1t	射　　程	15000km
有效载荷	8800kg	命中精度	440m

3. SS-25"白杨"洲际弹道导弹

1982年10月开始研制,1987年12月研制成功,是苏联研制的世界上第一种以公路机动部署为主的洲际弹道导弹,如图4-26所示,其主要技术参数如表4-19所示。可采用地下井和轮式机动车两种方式发射,不仅飞行速度快,并能够变轨机动飞行,具有很强的突防能力。

图4–26 SS–25"白杨"洲际弹道导弹

表4–19 SS–25"白杨"洲际弹道导弹主要技术参数

弹　　长	29.5m	弹　径	1.8m
发射重量	45.1t	射　程	10500km
有效载荷	1000kg	命中精度	260m

4. SS–27"白杨–M"洲际弹道导弹

SS–27"白杨–M"洲际弹道导弹是"白杨"导弹的改进型,20世纪80年代后期开始研制,1994年12月进行首次试射,如图4–27所示,其主要技术参数如表4–20所示。它是一种单弹头导弹,但在投掷重量和其他相关技术上留有改装为多弹头分导式导弹的接口,可采用地下井和公路机动两种方式发射。

图4–27 SS–27"白杨–M"洲际弹道导弹

表4-20 SS-27"白杨-M"洲际弹道导弹主要技术参数

弹　长	22.7m	动力装置	三级固体火箭
弹　径	1.86m	射程	11000km
发射重量	47.1t	制导方式	惯导+星光修正
有效载荷	1200kg	命中精度	350m
战斗部	1颗核弹头55万吨当量	发射方式	地下井,公路机动
		发射准备时间	公路机动型15min

5. RS-24"亚尔斯"洲际弹道导弹

由莫斯科热工研究所研发,2007年5月首次试射,如图4-28所示,其主要技术参数如表4-21所示。它是一种多弹头洲际弹道导弹,具有较强的抗干扰能力和良好的飞行稳定性,能够穿透高度保护的目标,降低其被反导系统成功拦截的概率。

图4-28　RS-24"亚尔斯"洲际弹道导弹

表4-21　RS-24"亚尔斯"洲际弹道导弹主要技术参数

弹　长	22m	动力装置	三级固体火箭
弹　径	1.58m	射程	11000km
发射重量	47.1t	制导方式	惯导+地形匹配
有效载荷	1200kg	命中精度	150m
战斗部	4颗15~30万吨TNT核弹头	发射方式	地下井,公路,铁路机动

二、海基导弹力量

(一)发射载体

1. D4"德尔塔-4"级弹道导弹核潜艇

1984年2月开始建造,1986年服役,如图4-29所示,其主要技术参数如表4-22所示。搭载16枚SS-N-23潜射弹道导弹,可一次齐射发出全部16枚导弹。

图4-29 D4"德尔塔-4"级弹道导弹核潜艇

表4-22 D4"德尔塔-4"级弹道导弹核潜艇主要技术参数

艇 长	167m	人员编制	135人
艇 宽	11.7m	自给力	80天
吃 水	8.8m	潜 深	320m(作战)400m(最大)
排水量	10600t(水上) 16000t(水下)	最高航速	24kn(水下) 14kn(水上)

2. "北风之神"级弹道导弹核潜艇

由著名的红宝石中央设计局设计,首艇"尤里多尔戈鲁基"号于2013年1月10日开始正式服役,是俄罗斯第四代战略核潜艇,如图4-30所示,其主要技术参数如表4-23所示。

图 4-30 "北风之神"级弹道导弹核潜艇

表 4-23 "北风之神"级弹道导弹核潜艇主要技术参数

艇　　长	170m	人员编制	107人（包括55名军官）
艇　　宽	13.5m	自给力	100天
吃　　水	9m	潜　深	380m(作战);450m(最大)
排水量	14720t(水上) 24000t(水下)	航　速	26kn(水下),29kn (水下最大);15kn(水上)

（二）武器装备

1. SS-N-18"舥鱼"潜射洲际弹道导弹

1975年开始地面试验，1975年底开始潜艇发射试验，1978年开始装备部队，如图4-31所示，其主要技术参数如表4-24所示。它是苏联第一种携带分导式多弹头的潜地弹道导弹，有3枚50万吨当量的弹头，可以有效打击无强化工事的硬性目标。

图 4-31 SS-N-18"舥鱼"潜射洲际弹道导弹

表4-24 SS-N-18潜射洲际弹道导弹主要技术参数

弹 长	14.1m	动力装置	两级液体火箭
弹 径	1.83m	制导方式	惯性+星光
发射重量	35.3t（Ⅰ、Ⅲ型） 34t（Ⅱ型）	最大射程	6500km（Ⅰ、Ⅲ型） 8000km（Ⅱ型）
有效载荷	1300kg	命中精度	1400m（Ⅰ型） 600m（Ⅱ、Ⅲ型）
战 斗 部	单颗45万吨TNT 当量核弹头（Ⅱ型）； 3颗20万吨TNT 当量核弹头（Ⅰ、Ⅲ型)	发射平台	D-3级战略核潜艇
		发射方式	潜艇水下垂直发射

2. SS-N-23"轻舟"潜射洲际弹道导弹

SS-N-23"轻舟"潜射洲际弹道导弹（图4-32）是在D3（"德尔塔-3"）级核潜艇使用的SS-N-18潜射导弹基础上改进而成，装备在D4（"德尔塔-4"）级核潜艇使用，具有较远的射程与较佳的准确度，1986年开始服役，可用于攻击机场等大范围的目标，其主要技术参数如表4-25所示。改进型为"莱涅尔"，可携带弹头12枚小型或4枚中型核弹头，从2013年开始取代SS-N-23导弹。

图4-32 SS-N-23"轻舟"潜射洲际弹道导弹

表4-25 SS-N-23"轻舟"潜射洲际弹道导弹主要技术参数

弹 长	14.8m(基本型) 15m(远程/莱涅尔)	射 程	8300km(基本型) 8900~11000km
弹 径	1.9m	发射重量	40.3t
有效载荷	2800kg	命中精度	500m(基本型) 250m(远程/莱涅尔)
战斗部	4颗10万吨TNT当量核弹头	发射平台	D-4级战略核潜艇
		发射方式	潜艇水下垂直发射

3. SS-N-30"圆锤"(布拉瓦)潜射洲际弹道导弹

2011年12月首次成功发射并开始装备部队,2013年1月正式服役,是俄罗斯主要的海上核战略力量,如图4-33所示,其主要技术参数如表4-26所示。可以在大洋任何位置发射,具有突防能力强的特点,是俄罗斯现役二次核打击能力和核"三位一体"的重要组成部分。

图4-33 SS-N-30"圆锤"潜射洲际弹道导弹

表4-26 SS-N-30"圆锤"潜射洲际弹道导弹主要技术参数

弹 长	12.1m	弹 径	2m
发射重量	36.8t	射 程	10500km

续表

有效载荷	1150kg	命中精度	300m
战斗部	6颗10万吨TNT当量核弹头	发射平台	"北风之神"级战略核潜艇
		发射方式	潜艇水下垂直发射

三、空基导弹力量

（一）发射载体

1. 图-160"海盗旗"战略轰炸机

1981年首次试飞，1987年开始装备部队，是一款超声速变后掠翼远程战略轰炸机，如图4-34所示，其主要技术参数如表4-27所示。作战方式以高空亚声速巡航、低空亚声速或高空超声速突袭为主，在高空时可发射远程巡航导弹在敌防空网外进行攻击，还可以低空突袭，用核炸弹或常规炸弹攻击重要目标。

图4-34　图-160"海盗旗"战略轰炸机

表4-27　图-160"海盗旗"战略轰炸机主要技术参数

机组人员	4人	实用升限	15000m
机　长	54.1m	载油量	148t
机　高	13.1m	载弹量	9t（正常）
翼　展	55.7/35.6m		40t（最大）

续表

最大速度	2200km/h(高空) 1030km/h(低空)	巡航时速	960km/h
		正常航程	12500km

2. 图-95MS"熊"战略轰炸机

1952年首次试飞,1957年开始服役,如图4-35所示,其主要技术参数如表4-28所示。目前只有图-95MS型机在役。

图4-35　图-95MS"熊"战略轰炸机

表4-28　图-95MS"熊"战略轰炸机主要技术参数

机组人员	7人	实用升限	12000m 9100m(最大载弹量)
机　长	49.6m		
机　高	13.3m	载油量	84t
翼　展	50.05m	载弹量	9t(正常) 20t(最大)
翼面积	289.9m²		
最大速度	830km/h(高空) 550km/h(低空)	航　程	11600km(正常载弹) 6500km(最大载弹量)
巡航时速	711km/h		
作战半径	6400km(不加油) 8300km(加油1次)	起飞重量	185t(最大) 154t(正常)

(二)武器装备

1. X－55(AS－15)"撑杆"巡航导弹

20世纪70年代中期开始研制,1978年进行飞行试验,1984年开始服役,如图4－36所示,其主要技术参数如表4－29所示。主要用于打击敌方战略纵深内的主要目标,可实施核打击和常规打击。

图4－36 X－55(AS－15)"撑杆"巡航导弹

表4－29 X－55(AS－15)"撑杆"巡航导弹主要技术参数

弹 长	6.04m	巡航速度	马赫数0.8
弹 径	0.514m(A型) 0.77m(B型)	巡航高度	110m(A型) 200m(B型)
翼 展	3.1m	命中精度	150m
发射重量	1250kg(A型) 1700kg(B型)	射 程	2500km(A型) 3000km(B型)

2. KH－101巡航导弹

1991年开始研制,2013年开始进入俄罗斯空军服役,如图4－37所示,其主要技术参数如表4－30所示。在2015年俄罗斯打击叙利亚ISIS恐怖分子的强化空袭中首次投入实战并取得良好效果。

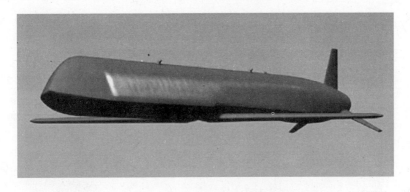

图4-37 KH-101巡航导弹

表4-30 KH-101巡航导弹主要技术参数

弹　　长	7.45m	巡航速度	马赫数0.8
弹　　径	0.74m	巡航高度	20m
翼　　展	3m	命中精度	20m
发射重量	2300kg	射　　程	4500~5000km
战斗部重	400kg		

四、高超声速飞行器

1."先锋"高超声速导弹

2018年12月完成了服役前的所有发射试验,目前,已经逐步部署至俄罗斯战略火箭兵部队。"先锋"是洲际高超声速导弹,采用高超声速助推滑翔弹头,可实现马赫数20的洲际飞行速度。"先锋"发射试验图像如图4-38所示,作战概念图如图4-39所示,主要技术参数如表4-31所示。

图4-38 "先锋"发射试验图像

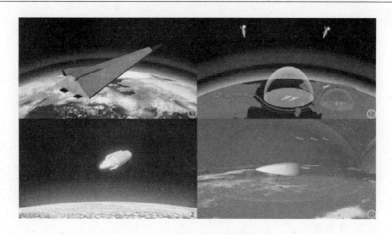

图 4-39 "先锋"作战概念图

表 4-31 "先锋"主要技术参数

弹头长度	5.4m	最高速度	马赫数 20
发射重量	100t	投掷重量	4.5t
弹头滑翔高度	200~250km	射程	SS-19 约 10000km
运载平台	SS-19"三菱匕首" RS-28"萨尔玛特"		RS-28 约 15000km

2. KH-47M2"匕首"超高声速导弹

2017年12月投入南部军区进行试验性战斗值勤，2018年在俄罗斯胜利日73周年阅兵仪式上，两架米格-31K挂载"匕首"导弹首次亮相，如图4-40所示，其主要技术参数如表4-32所示。该导弹为俄罗斯空天军研制，采用机载发射方式，可携带常规战斗部或核战斗部，是一种具有精确制导打击能力的超高声速

图 4-40 米格-31K挂载"匕首"导弹

导弹。此外,其突防能力较强,能突破所有现役或在研的防空反导系统,摧毁地面及水面多种固定或移动目标。

表4-32 KH-47M2"匕首"超高声速导弹主要技术参数

弹　　长	10m	飞行速度	马赫数10
射　　程	2000km	发射方式	搭载米格-31

五、导弹防御系统

1. S-400 防空导弹系统

该系统以团为基本战术单位,一个战术单位装备系统主要由1套83M6自动化指挥系统和最多8个地空导弹营构成,如图4-41所示,其主要技术参数如表4-33所示。营为基本火力单位,每个营装备1部36H6型照射制导雷达、1部76H6型地空搜索雷达、12辆5P855型或5P85T型导弹发射车。它具备反战术和中程弹道导弹的能力,可以对付各种作战飞机、空中预警机、战役战术导弹及其他精确制导武器,能同时锁定并攻击6个目标。

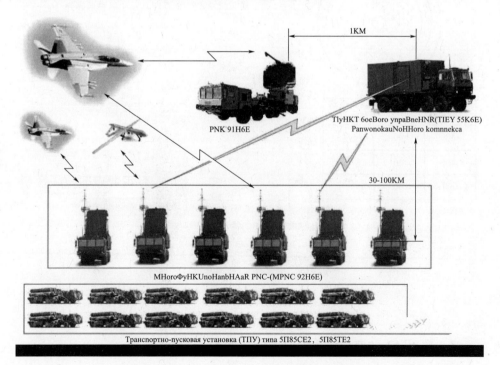

图4-41 S-400防空导弹系统示意图

表 4-33 S-400 防空导弹系统主要技术参数

弹　长	7.5~8.4m	弹　径	0.5m
发射重量	1.6~1.8t	战斗部	145kg
拦截范围	400km	最大速度	马赫数6

2. S-500 防空导弹系统

2002年开始研发,于2020年部署俄罗斯部队,是在 S-400 防空导弹系统基础上自主研发的新一代防空系统,如图 4-42 所示。它可以发射低空、中空、高空,近程、中程、远程的各类导弹,探测距离可达750~800千米,最大速度马赫数9,拦截距离可达600km、拦截高度30km,攻击的目标既包括小型无人机和地空飞行的巡航导弹,还可以拦截战役战术弹道导弹、洲际弹道导弹、低轨道卫星、飞行速度大于马赫数5的高超声速飞行器。

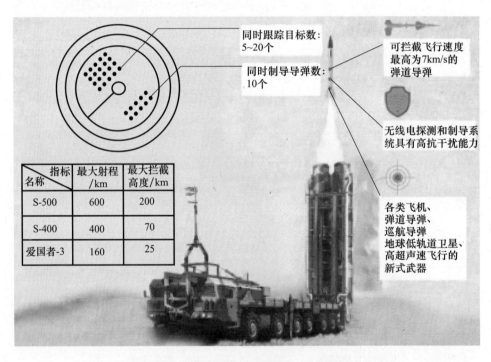

图 4-42 S-500 防空导弹系统示意图

3. "铠甲"S1 防空导弹系统

1994年开始研制,2012年开始服役,如图 4-43 所示,其主要技术参数如

表4-34所示。装备12枚射程为20km的地空导弹和2门30mm口径自动火炮,可以同时发现并跟踪20个目标。主要用于打击巡航导弹、反雷达导弹、制导炸弹、各种有人和无人战机、地面及水中轻装甲目标及有生力量。

图4-43 "铠甲"S1防空导弹系统

表4-34 "铠甲"S1防空导弹系统主要技术参数

弹　　长	3.2m	弹　　径	0.17m
发射重量	90kg	战斗部	20kg
射　　程	20km	速　　度	马赫数3.8

第三节　英国导弹武器装备

一、防空导弹力量

1. "长剑"地空导弹

1963年开始研制,1971年1型开始装备英国陆军与空军,1978年2型装备部队,如图4-44所示,其主要技术参数如表4-35所示。它是世界上第一代防空导弹,属于近程防低空导弹,主要用于打击低空飞行的超声速飞机。

图 4-44 "长剑"地空导弹

表 4-35 "长剑"地空导弹主要技术参数

弹　长	2.21m	弹　径	0.13m
翼　展	0.38m	射　程	400~6500m(自行式) 800~6500m(牵引式)
发射重量	68kg	战斗部	4.2kg

2. "轻剑Ⅱ"地空导弹

1967 年开始研制,1972 年试验成功,1978 年起装备英国空军,如图 4-45 所示,其主要技术参数如表 4-36 所示。1982 年英阿马岛战争中,"轻剑"防空导弹是英军登陆作战的骨干力量,曾多次击落阿根廷空军 A-4 攻击机和幻影战斗机。

图 4-45 "轻剑Ⅱ"地空导弹

表4-36 "轻剑Ⅱ"地空导弹主要技术参数

弹 长	2.21m	弹 径	0.13m
翼 展	0.38m	最大速度	马赫数2
发射重量	68kg	射 程	10000m

二、海基导弹力量

(一)发射载体

"前卫"级弹道导弹核潜艇,20世纪80年代英国开始研制的第二代战略核潜艇,1993年开始服役,如图4-46所示,其主要技术参数如表4-37所示。装备16枚"三叉戟-2"型导弹,具有8个分导式多弹头,综合作战性能与美国"俄亥俄"级核潜艇相当。

图4-46 "前卫"级弹道导弹核潜艇

表4-37 "前卫"级弹道导弹核潜艇主要技术参数

艇 长	149.9m	自持力	70天
艇 宽	12.8m	武器装备	16个弹道导弹发射管和 4个533mm"旗鱼"重型 鱼雷发射管
艇 高	12m		
排水量	水下15980t		
吃水深	12m	航 速	水下25kn

(二)武器装备

1. "三叉戟-2"潜射洲际弹道导弹

"三叉戟-2"潜射洲际弹道导弹是美国于1989年研制成功的出口版导弹,如图4-47所示,其主要技术参数如表4-38所示,可摧毁敌方包括陆基洲际导弹掩体及指挥控制中枢在内的强化工事目标。

图4-47 "三叉戟-2"潜射洲际弹道导弹

表4-38 "三叉戟-2"潜射洲际弹道导弹主要技术参数

弹　　长	13.42m	动力装置	三级固体火箭
弹　　径	2.11m	射　　程	11000km
发射重量	59t	制导方式	惯导+星光+GPS
有效载荷	2.8t	命中精度	90m

2. "海标枪"舰空导弹

1963年5月开始研制,1973年开始装备英国皇家海军,1978年开始研制改进型,1981年完成并装备部队,如图4-48所示,其主要技术参数如表4-39所示。它是一种中远程、中高空舰载防空导弹武器系统,主要用于拦截二代战机和慢速导弹,也能攻击水面目标,不能有效拦截高性能战机和掠海反舰导弹。在英阿马岛战争中,英国海军使用该导弹先后击落阿根廷5架飞机和1架直升机;海湾战争中,英国用该导弹成功拦截了伊拉克反舰导弹。

图4-48 "海标枪"舰空导弹

表4-39 "海标枪"舰空导弹主要技术参数

弹 长	4.36m	弹 径	0.42m
射 程	4.5~70km	作战高度	10~22000m
弹 重	550kg	最大速度	马赫数3.5

三、空基导弹力量

（一）发射载体

1. "台风"战斗机

由欧洲战斗机公司设计研发的双发、三角翼、鸭式布局、高机动性的多用途第四代半战斗机,1994年3月首次进行飞行试验,2003年8月开始服役,如图4-49所示,其主要技术参数如表4-40所示。

图4-49 "台风"战斗机

表4-40 "台风"战斗机主要技术参数

机组人员	1人(单座型)2人(双座型)	机　　长	15.96m
机　高	5.28m	机翼面积	51.2m^2
空　重	11000kg	最大起飞重量	23500kg
外挂量	7500kg	最大速度	马赫数2
实用升限	167765m	航　　程	2900km

2. F-35B"闪电Ⅱ"战斗机

由美国洛克希德·马丁公司设计研发,2018年开始装备英国,如图4-50所示,其主要技术参数如表4-41所示。作战半径超过1000km,可以超声速巡航,属于第五代战斗机,是美国及其盟友在21世纪的空战主力。

图4-50 F-35B"闪电Ⅱ"战斗机

表4-41 F-35B"闪电Ⅱ"战斗机主要技术参数

机组人员	1人	机　　长	15.37m
机　　高	5.28m	翼　　展	10.65m
空　　重	12000kg	最大起飞重量	27200kg
最大速度	马赫数1.6	实用升限	15000m
作战半径	1110km	巡航半径	2200km

(二)武器装备

1."风暴之影"巡航导弹

1998年进行飞行发射试验,2002年交付英国皇家空军。导弹头部呈锥形,弹体呈矩形,表面光滑,很小的雷达反射面积,具有一定隐身特性,能够自动识别目标,如图4-51所示,其主要技术参数如表4-42所示。

图4-51 "风暴之影"巡航导弹

表4-42 "风暴之影"巡航导弹主要技术参数

弹　　长	5.1m	弹　　径	0.63m
翼　　展	3m	射　　程	560km
全　　重	1300kg	飞行速度	马赫数0.8~0.95

2."硫磺石"空对地导弹

2003年10月进行首次空中发射试验,2013年12月至2014年1月进行实弹测试并装备部队,如图4-52所示,其主要技术参数如表4-43所示。主要用于打击敌方装甲部队大规模编队,参加过伊拉克战争、阿富汗战争和叙利亚战争,具备优异的实战性能。

图4-52 "硫磺石"空对地导弹

表4-43 "硫磺石"空对地导弹主要技术参数

弹 长	1.8m	弹 径	0.18m
重 量	48.5kg	马赫数	1.3
射 程	40~60km	发射平台	"狂风"战斗机

3. "天空闪光"空对空导弹

1973年12月开始研制,1978年装备英国皇家空军,如图4-53所示,其主要技术参数如表4-43所示。可以弹射发射,也可以采用常规的滑轨发射,具备优异的抗电子干扰能力、精准的制导精度、较高的对低空目标的杀伤概率等特点。

图4-53 "天空闪光"空对空导弹

表4-44 "天空闪光"空对空导弹主要技术参数

弹　长	3.6m	弹　径	0.2m
重　量	193kg	制　导	半主动雷达制导
作战距离	500~40000m	发射方式	机载发射

第四节　法国导弹武器装备

一、陆基导弹力量

Crotale"响尾蛇"防空导弹，1964年开始研制，1969年定型，1971年开始装备部队，如图4-54所示，其主要技术参数如表4-45所示。它是一种机动型防空导弹武器系统，用于攻击低空、超低空战斗机、武装直升机等目标，拦截战术导弹，还可用于保卫机场、港口等区域。

图4-54　Crotale"响尾蛇"防空导弹

表4-45　Crotale"响尾蛇"防空导弹主要技术参数

弹长	2.94m	弹径	0.15m
发射质量	84kg	最大速度	马赫数2.2
作战高度	50~3000m	作战距离	500~8500m

二、海基导弹力量

(一)发射载体

"凯旋"级弹道导弹核潜艇,1981年开始研制,1997年装备法国海军服役,如图4-55所示,其主要技术参数如表4-46所示。它是法国建造吨位最大的战略核潜艇,具有攻击力强、隐身性好、自动化程度高和安全可靠的特点,是法国战略核打击力量的主要支柱。

图4-55 "凯旋"级弹道导弹核潜艇

表4-46 "凯旋"级弹道导弹核潜艇主要技术参数

艇 长	138m	艇 宽	12.5m
艇 高	12m	吃水深	12.5m
潜 深	500m	艇员编制	111(军官15名)
航 速	20kn(水面) 25kn(水下)	排水量	12640t(水面) 14335t(水下)

(二)武器装备

1. M-51潜射洲际弹道导弹

1996年开始研发,用于替换M-45型潜射弹道导弹,2010年开始,逐步装备到"凯旋"级战略核潜艇上,如图4-56所示,其主要技术参数如表4-47所示。它是法国的一型海基远程弹道导弹,具有射程远、突防性、攻击性和生存能力强的特点。

图4-56 M-51潜射洲际弹道导弹

表4-47 M-51潜射洲际弹道导弹主要技术参数

弹　　长	13.0m	动力装置	三级固体火箭
弹　　径	2.35m	最大射程	8000km
发射重量	48t	精　　度	350m
战斗部	6颗10万吨TNT核弹头	发射平台	潜艇
制导方式	惯导+星光辅助	发射方式	潜艇水下发射

2. Aster"紫苑"(阿斯特)舰对空导弹

由法国和意大利于1989年共同提出设想并开始研制,拥有不同于现役典型舰载防空导弹的动力设计,拦截精度更佳,能够击毁一系列空中目标,包括掠海飞行的超声速反舰巡航导弹或具有高度机动性的战机,如图4-57所示,其主要技术参数如表4-48所示。

图 4-57 Aster"紫苑"(阿斯特)舰对空导弹

表 4-48 Aster"紫苑"(阿斯特)舰对空导弹主要技术参数

弹　　长	4.2m	翼　　展	1m
弹　　径	0.18m	有效射程	30km
发射重量	310kg	速　　度	马赫数3.5

三、空基导弹力量

(一)发射载体

"阵风"战斗机。1986年7月首飞成功,1991年定型生产,2001年5月开始服役,如图4-58所示,其主要技术参数如表4-49所示。它是一型双发、三角翼、高灵活性多用途第四代半战斗机,既能与敌方战机空中格斗,又能对地或海上目标实施攻击,还能作为航母舰载机多用途使用,甚至可以投掷核弹,具备高超的对海攻击、侦察和核攻击能力。

图4-58 "阵风"战斗机

表4-49 "阵风"战斗机主要技术参数

乘 员	1人	实用升限	16800m
机 长	15.27m	最大时速	2250km
机 高	5.34m	载弹量	9t(最大)
翼 展	10.80m	重 量	9.5t(C型)
航 程	3700km		9.8t(B型)
作战半径	1852km		10.2t(M型)

(二)武器装备

1. ASMP-A"阿斯姆普"空地巡航导弹

1995年开始研制,2008年10月开始在法国空军和海军服役,法国海军也是现今唯一一支可以借由航空母舰舰载机空射核武器的部队。它是一种战略和战术两用空对地巡航导弹,能进行超声速巡航飞行,有多种弹道可供选择,具有较高的突防能力,如图4-59所示,其主要技术参数如表4-50所示。

图4-59 ASMP-A空地巡航导弹

表4-50　ASMP-A空地巡航导弹主要技术参数

弹　长	5.38m	发射质量	860kg
弹　径	0.38m	巡航高度	7~150m
翼　展	0.96m	射　程	500km
飞行速度	马赫数3	命中精度	10m

2. MICA"米卡"空对空导弹

1981年开始研制,1993年底开始批量生产并装备部队,如图4-60所示,其主要技术参数如表4-51所示。它是一款近距格斗和中距拦射的第四代空对空导弹,具有优异的锁定中、近距目标予以截击的功能,主要用于攻击先进的高机动战斗机、直升机和巡航导弹。

图4-60　MICA"米卡"空对空导弹

表4-51　MICA"米卡"空对空导弹主要技术参数

弹　长	3.1m	弹　径	0.17m
飞行速度	马赫数4	作战距离	1000~40000m
发射质量	110kg	制　导	主动雷达/被动红外寻的

3. Magic"魔术-2"空对空导弹

1975年开始服役的是"魔术-1",1985年服役的升级型号是"魔术-2",是一型短程空对空导弹,具有近距大过载发射和格斗能力,既可用于格斗,也可用于拦截,如图4-61所示,其主要技术参数如表4-52所示。曾在1991年海湾战争中由多国部队用于攻击伊拉克飞机,后又在1995年波黑战争中使用。

图4-61 Magic"魔术-2"空对空导弹

表4-52 Magic"魔术-2"空对空导弹主要技术参数

弹　　长	2.72m	弹　　径	0.16m
飞行速度	马赫数3	有效射程	15km
发射质量	89kg	制　　导	红外制导

第五节　印度导弹武器装备

一、陆基导弹力量

(一)"大地"系列

1. "大地-1"近程弹道导弹

1983年开始研制,1994年开始装备部队,如图4-62所示,其主要技术参数如表4-53所示。配备子母弹、燃烧弹、小型地雷和燃料空气炸药等多种战斗部,主要用于打击敌方纵深内的各种目标。

图 4-62 "大地-1"近程弹道导弹

表 4-53 "大地-1"近程弹道导弹主要技术参数

弹　　长	8.5m	动力装置	单级液体火箭发动机
弹　　径	1.1m	射　程	150km
发射重量	4400kg	制导方式	惯导 + GPS 末制导
有效载荷	800 ~ 1000kg	命中精度	大于 250m
战 斗 部	常规或核弹头	发射方式	公路机动

2. "大地-2"近程弹道导弹

1996 年开始研制,于 2010 年 6 月完成试射,并于 2018 年 10 月成功完成第二次夜间试射,如图 4-63 所示,其主要技术参数如表 4-54 所示。它是印度自行研制的地对地战术弹道导弹,可携带常规弹头或核弹头,执行常规打击或核打击任务。

图4-63 "大地-2"近程弹道导弹

表4-54 "大地-2"近程弹道导弹主要技术参数

弹 长	8.56m	动力装置	单级液体火箭发动机
弹 径	1.1m	射 程	350km
发射重量	4600kg	制导方式	惯导+GPS末制导
有效载荷	800~1000kg	命中精度	150m
战斗部	常规或核弹头	发射方式	公路机动

(二)"烈火"系列

1."烈火-3"中远程弹道导弹

1994年2月开始首次试射,2007年4月、2008年5月和2010年2月先后三次试射成功,如图4-64所示,其主要技术参数如表4-55所示。可以部署在铁路或公路机动发射平台上,不易被捕捉和摧毁,末段制导采用了光电制导或主动雷达制导,命中精度较高。

图4-64 "烈火-3"中远程弹道导弹

表4-55 "烈火-3"中远程弹道导弹主要技术参数

弹　　长	16.7m	动力装置	两级固体火箭发动机
弹　　径	1.8m	射　　程	3000~3500km
发射重量	42t	有效载荷	1500kg

2. "烈火-4"中远程弹道导弹

"烈火-4"中远程弹道导弹是"烈火-2"的改进型,如图4-65所示,其主要技术参数如表4-56所示。装备有印度最先进的航空电子设备、第五代机载计算机及分布式体系架构,具备修正干扰和引导自身飞行的功能。

图4-65 "烈火-4"中远程弹道导弹

表4-56 "烈火-4"中远程弹道导弹主要技术参数

弹　长	20m	最大速度	马赫数13
弹　径	1.3m	射　程	3500~4000km
发射重量	17t	制导方式	惯导+GPS末制导
有效载荷	1000km	发射方式	公路机动发射

3. "烈火-5"中远程弹道导弹

2012年4月首次试射成功,使印度成为继美、俄、法、中、英之后第六个研制洲际导弹能力的国家。该导弹可携带一个1000kg的核弹头,成为印度可携带核弹头射程最远的导弹,并将使印度成为拥有用同一导弹发射多个核弹头技术的国家。该型导弹改装后,可搭载多枚小卫星,甚至可以作为反卫星武器使用,击落在轨敌方卫星,如图4-66所示,其主要技术参数如表4-57所示。

图4-66 "烈火-5"中远程弹道导弹

表4-57 "烈火-5"中远程弹道导弹主要技术参数

弹　长	17.5m	动力装置	三级固体燃料推进
弹　径	2m	射　程	5000km
发射重量	50t	有效载荷	1000kg

(三)防空导弹

1. "布拉莫斯Ⅱ"超声速巡航导弹

"布拉莫斯Ⅱ"超声速巡航导弹是印度与俄罗斯联合研制的超声速巡航导弹,2010年9月试射成功,如图4-67所示,其主要技术参数如表4-58所示。该导弹能够携带重达300kg的常规弹头以2.8倍声速飞行,飞行高度很低,能够躲避雷达和反导系统跟踪,是用来对目标进行精确打击的有效工具。

图4-67 "布拉莫斯Ⅱ"超声速巡航导弹

表4-58 "布拉莫斯Ⅱ"超声速巡航导弹主要技术参数

弹　长	8.1m	飞行速度	马赫数2.8
弹　径	0.67m	射　程	290km
发射重量	3000kg	战斗部	250kg

2. "萨姆-6"地空导弹

1967年定型,1985年停产,是苏联出口版的一种机动式全天候近程防空导弹武器系统,主要用于攻击中、低空亚声速和跨声速飞机,如图4-68所示,其

图4-68 "萨姆-6"地空导弹

主要技术参数如表4-59所示。该型导弹在中东战争、波黑战争和海湾战争中广泛运用,其中,中东战争中,击毁了敌方19个萨姆导弹连;海湾战争中,击落了多国部队参加首轮空袭行动的2架飞机;波黑战争中,击落了美国F-16战斗机。

表4-59 "萨姆-6"地空导弹主要技术参数

弹 长	5.58m	飞行速度	马赫数2.2
弹 径	0.34m	战斗部	604kg
射 程	5~25km	射 高	10km

二、海基导弹力量

(一)发射载体

"歼敌者"级弹道导弹核潜艇,核潜艇建造项目启动于1985年,首艇"歼敌者"号于2009年7月下水,2013年服役,成为印度核"三位一体"的支柱,使印度成为世界上第六个核潜艇国家。"歼敌者"级弹道导弹核潜艇如图4-69所示,其主要技术参数如表4-60所示。

图4-69 "歼敌者"级弹道导弹核潜艇

表4–60 "歼敌者"级弹道导弹核潜艇主要技术参数

艇　长	112m	艇　高	15m
艇　宽	11m	艇员编制	95人
排水量	6000t	动力装置	1座功率80MW的核反应堆
航　速	24kn		

(二)武器装备

1. K–15潜射中程弹道导弹

1991年开始研发,2001年完成研发并交付印度海军进行试验,2018年开始服役,将装备在"歼敌者"级核潜艇上,如图4–70所示,其主要技术参数如表4–61所示。它是一型可携带核弹头的海基型中程弹道导弹,使印度拥有从水下发射弹道导弹的能力。

图4–70　K–15潜射中程弹道导弹

表4–61 K–15潜射中程弹道导弹主要技术参数

弹　　长	8.5m	战斗部	常规或核弹头
弹　　径	1m	动力装置	两级固体火箭发动机
发射重量	7000kg	射　　程	700km
有效载荷	5000kg	战斗部	常规或核弹头

2. "大地–3"舰射弹道导弹

1983年开始研制基本型,1994年开始生产并装备部队。2004年3月首次成功试射改进型的舰射版"大地–3"导弹,如图4–71所示,其主要技术参数如表4–62所示。它是一种对地或反舰的舰射弹道导弹,也是全球第一款以军舰作为发射平台的弹道导弹。

图4–71 "大地–3"舰射弹道导弹

表4-62 "大地-3"舰射弹道导弹主要技术参数

弹 长	8.53m	动力装置	单级液体火箭发动机
弹 径	1.0m	射 程	350km
发射重量	5600kg	制导方式	惯导+GPS末制导
有效载荷	500~1000kg	发射方式	舰艇水面发射
战斗部	常规或核弹头		

三、空基导弹力量

(一)发射载体

1. "苏-30MKI"战斗机

"苏-30MKI"战斗机是俄罗斯出口版战斗机,由俄罗斯苏-30M战斗轰炸机改进而来,是印度空军装备的主力战机,如图4-72所示,其主要技术参数如表4-63所示。能够携带几乎所有的俄制空空导弹和空地导弹,挂载武器可达8000kg。

图4-72 "苏-30MKI"战斗机

表4-63 "苏-30MKI"战斗机主要技术参数

机组人员	2人	实用升限	17500m
机 长	21.9m	载油量	9.6t
机 高	6.36m	载弹量	8000km

续表

翼　展	14.7m	起飞重量	17.7t(空重)
翼面积	62m²		38t(最大)

2. "幻影-2000H"战斗机

"幻影-2000H"战斗机是法国研制的一型单发、单座、轻型超声速第三代战斗机,主要任务是防空截击和制空,也能执行侦察、近距空中支援和战场纵深低空攻击等任务,如图4-73所示,其主要技术参数如表4-64所示。

图4-73 "幻影-2000H"战斗机

表4-64 "幻影-2000H"战斗机主要技术参数

乘　员	1人	最大速度	马赫数2.2
机　长	14.36m	实用升限	18000m
机　高	5.2m	翼　展	9.13m
最大起飞重量	17000kg	作战半径	700km

(二)武器装备

1. "布拉莫斯-NG"超声速巡航导弹

改进型的"布拉莫斯-NG"超声速巡航导弹在2019年第十二届印度航展上以全尺寸实弹亮相,具备对海、对陆目标多用途攻击性能,如图4-74所示,其主要技术参数如表4-65所示。

图4-74 "布拉莫斯-NG"超声速巡航导弹

表4-65 "布拉莫斯-NG"超声速巡航导弹主要技术参数

弹 长	5m	飞行速度	马赫数3
弹 径	0.5m	射 程	290km
发射重量	1500kg	弹头重量	200~300kg

2. "无畏"亚声速巡航导弹

2010年开始研制,2017年试射成功,是印度自主研发的首款远程巡航导弹,可携带核弹头,打击700km以外的目标,如图4-75所示,其主要技术参数

图4-75 "无畏"亚声速巡航导弹

如表4-65所示。可实现超低空飞行，敌方雷达无法侦测，是一种可全天候作战、低成本、全方位的巡航导弹。

表4-66 "无畏"亚声速巡航导弹主要技术参数

弹　　长	6m	飞行速度	马赫数0.8
弹　　径	0.52m	射　　程	1000km
发射重量	1500kg	制导方式	惯导+地形匹配+GPS

四、导弹防御系统

印度弹道导弹防御系统由预警探测、反导拦截和指挥控制三个分系统组成。

（一）预警探测分系统

印度导弹预警系统主要由空间卫星、空中预警机和地面雷达站三部分构成。

陆基预警系统采用的是法国的马斯特-A多功能三坐标雷达，最大探测距离460km，能同时跟踪200个目标，可探测飞行速度达13倍声速的中程弹道导弹，如图4-76所示。

图4-76 马斯特-A多功能三坐标雷达

空基预警系统主要是部署在印度北部的阿格拉空军基地的3套费尔康AWACS系统(印度命名为A-50Ehl)。费尔康预警机可全天候侦测400km范围内的目标，监视150km×180km的广泛空域，跟踪射程2000km以上的弹道导弹，具有360°全方位搜索功能和很强的俯视能力，并可同时锁定60个目标，指挥数百架飞机作战，还可发现隐身飞机和巡航导弹。此外，印度还积极研发国产预警机。以EMB-145运输机为搭载平台，安装印度国产的有源相控阵雷达和机载预警控制系统，能同时跟踪300个目标，反导有效探测范围达350km，如图4-77所示。

图4-77　EMB-145空中预警与控制飞机

(二)反导拦截分系统

印度发展的是双层弹道导弹拦截系统，由"大地"防空导弹系统在大气层外(高度50~80km)拦截目标，先进防空导弹系统在大气层内(高度30km以下)拦截目标。

PAD拦截弹拦截高度为45~80km，拦截距离超过100km，能拦截射程在300~2000km的弹道导弹，如图4-78所示。目前，已研制出PAD-01和PAD-02两种型号，进行了2次成功的飞行试验。

AAD是印度在以色列帮助下研制的集防空和反导于一体的全新型拦截弹，飞行速度为马赫数4~6，射程达200km，既可摧毁高速飞行的高空目标，也能摧毁高度仅50m的低空目标，如图4-79所示。

图4-78　PAD拦截弹　　　　　图4-79　AAD拦截弹发射瞬间

（三）指挥控制分系统

该系统由任务控制中心（MCC）和发射控制中心（LCC）组成，并通过加密通信网互联。

MCC负责协调整个系统的工作。MCC接收到传输来的目标信息后，经过分析计算，判断拦截弹的需求量，向各发射车分配目标数据，在处理完目标信息后，MCC向LCC指定拦截目标，并传送目标信息。拦截后，MCC还会进行毁伤评估，判断是否需要二次拦截。

LCC根据接收到的目标弹道、速度等数据，计算发射拦截弹的时间，并在发射前将射击诸元输入拦截弹上的数据链。拦截弹发射后，LCC通过数据链不断获得地面雷达提供的目标及拦截弹的方位、速度、弹道等信息，并对这些数据进行对比和计算，从而向拦截弹发送导引指令。

参考文献

[1] 高同声. 宏图伟业人才为本——论述长辛店炮兵教导大队培训人才工作[C]. 第二届中国两弹一星历史研究高层论坛,2014.

[2] 高同声. 东风起舞——中国战略导弹部队初创纪实[M]. 北京:国防工业出版社,2016.

[3] 孙快吉. 第二炮兵战略简论[M]. 北京:国防大学出版社,2010.

[4] 闫新. 中国人民解放军发展概况(五)[M]. 北京:学苑音像出版社,2004.

[5] 武洋.《中国军事机构和改革》汉译实践报告[D]. 广西:广西师范大学,2018.

[6] 朱法臣. 军民融合式发展与第二炮兵现代后勤建设[J]. 国防,2009(1):(16-19).

[7] 中华人民共和国国务院新闻办公室. 新时代的中国国防[M]. 北京:人民出版社,2019.

[8] 高桂清. 导弹武器系统概论[M]. 北京:国防大学出版社,2010.

[9] 朱坤岭、汪维. 导弹百科辞典[M]. 北京:中国宇航出版社,2001.

[10] 沈如松. 导弹武器系统概论[M]. 2版. 北京:国防工业出版社,2016.

[11] 韩爱国. 国外先进武器装备及关键技术[M]. 西安:西北工业大学出版社,2007.

[12] 钱学森. 导弹概论手稿[M]. 北京:中国宇航出版社,2009.

[13] 于剑桥,文仲辉,梅跃松,等. 战术导弹总体设计[M]. 北京:北京航空航天大学出版社,2010.

[14] 余旭东,葛金玉,等. 导弹现代结构设计[M]. 北京:国防工业出版社,2007.

[15] 赵育善. 导弹引论[M]. 西安:西北工业大学出版社,2000.

[16] 刘莉,喻秋利. 导弹结构分析与设计[M]. 北京:北京理工大学出版社,1999.

[17] 钱杏芳. 导弹飞行力学[M]. 北京:北京理工大学出版社,2000.

[18] 黄纬禄. 弹道导弹总体与控制入门[M]. 北京:中国宇航出版社,2006.

[19] 袁小虎,胡云安. 导弹制导原理[M]. 北京:兵器工业出版社,2009.

[20] 孟秀云. 导弹制导与控制系统原理[M]. 北京:北京理工大学出版社,2003.

[21] 陈玉春,等. 中国军事百科全书(第二版)学科分册《战略导弹部队装备》[M]. 北京:中国大百科全书出版社,2007.

[22] 甄涛,王平均,张新民. 地地导弹武器作战效能评估方法[M]. 北京:国防工业出版社,2005.

[23] 蒋超良. 深化军民融合式发展不断开创国防动员建设新局面[J]. 国防,2015(12):7-9.

[24] 杨承军,王德勇. 高技术与战略导弹(修订版)[M]. 北京:解放军出版社,2002.

[25] 滕建群. 核威慑新论[J]. 国际问题研究,2009(6):13-18.

[26] 宁凌. 毛泽东核战略思想的现实指导意义[C]. 第二届中国两弹一星历史研究高层论坛,2014.

[27] 邹治波,刘玮. 构建中美核战略稳定性框架:非对称性战略平衡的视角[J]. 国际安全研究,2019(1):57-58.

[28] 徐周文. 心理威慑谋略简论[J]. 西安政治学院学报,2015(3):123-125.

[29] 全军军事术语管理委员会. 中国人民解放军军语[M]. 北京:军事科学出版社,2011.

[30] 《世界导弹大全》修订委员会. 世界导弹大学[M]. 3版. 北京:军事科学出版社,2011.

[31] 《兵典丛书》编写组. 导弹:千里之外的雷霆之击[M]. 哈尔滨:哈尔滨出版社,2011.

[32] 冯志远. 导弹百科[M]. 沈阳:辽海出版社,2010.

[33] 朱立春,徐胜华. 武器百科[M]. 北京:华文出版社,2009.

[34] 周皓,冯占林,张怀天. 美国弹道导弹防御武器系统研究[J]. 中国航天,2018(6):62-65.

[35] 尹怀勤. 亚尔斯洲际弹道导弹:十年磨一剑[J]. 太空探索,2018(1):62-63.

[36] 郭华. 空战利器:机载导弹[M]. 石家庄:河北科学技术出版社,2013.

[37] 黄志澄. 美俄高超声速攻防大对抗[J]. 太空探索,2019(3):56-61.

[38] 周颖,王琼,王伟. C-400地空导弹武器系统性能分析与比较[J]. 航天电子对抗,2008(1):1-3.

[39] 郭维,杨清轩,苏强. 国外弹道导弹核潜艇发展趋势研究[J]. 舰船科学技术,2015(7):233-237.

[40] 马凌,魏国福. 法国阵风战斗机武器系统[J]. 飞航导弹,2015(10):11-15.

[41] 单文杰,钟欣欣. 印度导弹防御系统战力如何[J]. 太空探索,2017(10):48-49.

[42] 司学慧,何元骅,杨建文. 周边国家首都防空体系现状及发展趋势[J]. 飞航导弹,2015(9):56-60.